大型丛生竹材应用
基础性能研究

史正军 杨 静 杨海艳 著

科学出版社
北 京

内 容 简 介

丛生竹在我国竹林资源中占有重要地位，其因具有生物量高、生长迅速、根系发达、繁殖容易、分布广泛等优点，在竹产业发展和竹林生态建设等方面受到广泛关注。本书选择巨龙竹（Dendrocalamus sinicus Chia et J. L. Sun）和云南甜竹［Dendrocalamus brandisii（Munro）Kurz］两种典型大型丛生竹为代表，以多个科研项目的研究成果为基础，重点从竹材物理力学性质、纤维形态、化学组成、成分分离、分子结构等方面系统介绍大型丛生竹的基础理化性质。本书以作者的研究成果和科研积累为素材，深入浅出地讲解大型丛生竹材基础理化性质的研究方法和相关结论，具有较强的科学性、实用性和可操作性，书中内容对于丛生竹资源的研究及产业化开发利用具有较强的指导价值。

本书适合从事竹类资源培育、竹产业开发、生物质综合利用的相关研究人员和农林院校有关师生阅读参考。

图书在版编目(CIP)数据

大型丛生竹材应用基础性能研究 / 史正军 等著. — 北京：科学出版社，
2018.3
978-7-03-055902-9

Ⅰ.①大… Ⅱ.①史… Ⅲ.①竹材-性能-研究 Ⅳ.①S781.9

中国版本图书馆 CIP 数据核字（2017）第 306240 号

责任编辑：张　展　孟　锐 / 责任校对：王　翔
责任印制：罗　科 / 封面设计：墨创文化

科 学 出 版 社 出版
北京东黄城根北街16号
邮政编码：100717
http://www.sciencep.com

成都锦瑞印刷有限责任公司印刷
科学出版社发行　各地新华书店经销

*

2018年 3 月第 一 版　开本：B5（720×1000）
2018年 3 月第一次印刷　印张：12.5
字数：256 千字
定价：79.00 元
（如有印装质量问题，我社负责调换）

《大型丛生竹材应用基础性能研究》
编写委员会

主　　编　　史正军　　杨　静　　杨海艳

副 主 编

邓　佳　　贺　斌　　蔡年辉　　王连春

刘瑞华　　徐高峰　　刘建祥　　王大伟

刘蔚漪　　解思达

编写人员

王大伟	西南林业大学	博士/讲师
王连春	西南林业大学	博士/副教授
邓　佳	西南林业大学	博士/副教授
史正军	西南林业大学	博士/副教授
刘建祥	西南林业大学	博士/讲师
刘瑞华	西南林业大学	硕士生
刘蔚漪	西南林业大学	博士/讲师
杨海艳	西南林业大学	博士/讲师
杨　静	西南林业大学	博士/副教授
贺　斌	西南林业大学	硕士/讲师
徐高峰	西南林业大学	博士/讲师
解思达	西南林业大学	博士/讲师
蔡年辉	西南林业大学	博士/副教授

资 助 项 目

1. 国家自然科学基金项目：竹纤维化学塑化分子机理及调控机制研究
   （31760195），滇产大型竹材细胞壁组分高效拆分机制与分子结构研究（No：
   31560195），巨龙竹半纤维素、木质素结构诠释及相互间化学键合机制解析
   （No：31260165）
2. 西南林业大学木材科学与技术省级重点学科建设项目（No：XKZ200903）
3. 云南省竹藤科学研究创新团队建设项目（No：2008OC001）
4. 云南省科技厅科学研究基金项目（No：2015FD023）

前　言

　　竹类植物是森林资源的重要组成部分，既是十分重要的生物质资源，又是不可或缺的可再生经济资源，也是底蕴厚重的文化资源。充分发挥竹类资源的经济功能、生态功能和文化功能，对促进富民兴林、改善民生，改善生态环境、应对气候变化、弘扬生态文化、建设生态文明都具有重要的意义。

　　本书主要以云南省竹藤科学研究创新团队和西南林业大学生物质化学与材料课题组多年来在竹材培育与综合利用方面的研究成果为素材，采用概述与专题研究相结合的方式，全面而系统地介绍大型丛生竹材基础理化性质研究的最新成果，是史正军、杨静、杨海艳、邓佳等共同努力的结果。本书具体内容和编写分工如下：第 1 章介绍竹材资源及其开发利用状况，由贺斌、史正军、王连春编写；第 2 章测定巨龙竹物理力学性质，由刘瑞华、蔡年辉、刘蔚漪编写；第 3 章测定云南甜竹物理力学性质，由刘瑞华、王大伟、王连春编写；第 4 章分析巨龙竹纤维形态特征，由刘建祥、徐高峰编写；第 5 章分析云南甜竹纤维形态特征，由刘建祥、徐高峰、刘蔚漪编写；第 6 章测定巨龙竹细胞壁化学成分，由蔡年辉、史正军编写；第 7 章测定云南甜竹细胞壁化学成分，由杨静、解思达、王大伟编写；第 8 章研究巨龙竹半纤维素分离纯化及化学结构，由史正军、杨海艳编写；第 9 章研究云南甜竹半纤维素分离纯化及化学结构，由史正军、杨海艳编写；第 10 章研究巨龙竹木质素分离纯化及化学结构，由史正军、邓佳编写；第 11 章研究巨龙竹有机溶剂木质素及 LCC 连接键，由史正军、邓佳编写；第 12 章研究云南甜竹木质素分离纯化及化学结构，由杨静、杨海艳、解思达编写；第 13 章研究基于 DMSO/TBAH 全溶体系的云南甜竹组分分离方法及化学结构，由史正军、蔡年辉编写；第 14 章为全书总结与展望，由史正军、邓佳、杨海艳编写。

　　本书在研究与撰写过程中，得到了北京林业大学孙润仓教授及西南林业大学刘惠民教授、杜官本教授、辉朝茂教授、郑志锋教授、杨斌教授、宋维峰教授等专家的诸多指导和纠正，在此致以衷心感谢！

　　鉴于编者水平有限，书中难免存在不足之处，恳请读者批评指正。

著　者

2016 年 3 月于昆明

目　　录

第一篇　丛生竹材物理力学性质、纤维形态及化学组成

第1章　竹材资源及其开发利用 ··· 3
1.1　国内外竹类资源概况 ··· 3
1.1.1　世界竹类资源 ·· 4
1.1.2　中国竹类资源 ·· 4
1.1.3　丛生竹资源 ·· 5
1.2　国内外竹类资源开发利用现状及发展趋势 ·· 6
1.2.1　国内外竹类资源开发利用现状 ··· 6
1.2.2　国内外竹类资源开发利用发展趋势 ·· 10
1.3　中国竹类资源开发利用存在问题及对策分析 ································· 10
1.3.1　中国竹类资源开发利用存在问题 ·· 10
1.3.2　对策分析 ··· 12
第2章　巨龙竹物理力学性质 ·· 14
2.1　材料与方法 ··· 14
2.1.1　样品采集地的地理概况 ·· 14
2.1.2　材料及其保存 ··· 15
2.1.3　试样制作 ··· 16
2.1.4　部分试样含水率调整 ··· 16
2.1.5　物理力学性能测试 ·· 16
2.1.6　测试结果的统计处理 ··· 20
2.2　结果与分析 ··· 21
2.2.1　吸水率 ·· 21
2.2.2　干缩性 ·· 22
2.2.3　密度 ··· 24
2.2.4　湿胀性 ·· 26
2.2.5　纤维饱和点 ·· 27
2.2.6　顺纹抗压强度 ··· 28
2.2.7　抗弯强度 ··· 29

    2.2.8　抗弯弹性模量 ·· 30

    2.2.9　物理力学性质统计分析 ··························· 30

  2.3　本章小结 ·· 31

第3章　云南甜竹物理力学性质 ······························· 33

  3.1　材料与方法 ·· 33

    3.1.1　实验用原竹采集 ···································· 33

    3.1.2　物理力学性能测试 ································· 34

  3.2　结果与讨论 ·· 34

    3.2.1　含水率 ·· 34

    3.2.2　干缩性 ·· 35

    3.2.3　密度 ·· 37

    3.2.4　顺纹抗压强度 ······································ 39

    3.2.5　抗弯强度 ··· 41

    3.2.6　抗弯弹性模量 ······································ 41

    3.2.7　纤维饱和点 ·· 41

    3.2.8　湿胀性 ·· 42

  3.3　本章小结 ·· 43

第4章　巨龙竹纤维形态特征 ·································· 45

  4.1　材料与方法 ·· 45

    4.1.1　试样制备 ··· 45

    4.1.2　纤维形态测定 ······································ 45

  4.2　结果与讨论 ·· 46

    4.2.1　纤维长度、宽度及长宽比 ······················ 46

    4.2.2　纤维长度的分布频率 ····························· 47

    4.2.3　纤维细胞壁厚、腔径及壁腔比 ················· 49

    4.2.4　纤维长度、宽度、长宽比统计分析 ············ 49

  4.3　本章小结 ·· 50

第5章　云南甜竹纤维形态特征 ······························ 52

  5.1　材料与方法 ·· 52

  5.2　结果与讨论 ·· 52

    5.2.1　纤维长度、宽度与长宽比 ······················ 52

    5.2.2　纤维长度的分布频率 ····························· 54

    5.2.3　纤维细胞壁厚、腔径及壁腔比 ················· 55

  5.3　本章小结 ·· 56

第6章　巨龙竹细胞壁化学成分 ······························ 57

  6.1　材料与方法 ·· 57

    6.1.1   试样制备 ·· 57

    6.1.2   化学成分测定 ··· 57

  6.2 结果与讨论 ·· 60

    6.2.1   灰分 ··· 61

    6.2.2   木质素 ··· 62

    6.2.3   综纤维素 ·· 63

    6.2.4   多戊糖 ··· 64

    6.2.5   抽出物 ··· 64

    6.2.6   化学成分的统计分析 ····························· 66

  6.3 本章小结 ·· 66

第 7 章　云南甜竹细胞壁化学成分 ······················ 68

  7.1 材料与方法 ·· 68

  7.2 结果与讨论 ·· 68

    7.2.1   灰分 ··· 69

    7.2.2   木质素 ··· 70

    7.2.3   综纤维素 ·· 70

    7.2.4   多戊糖 ··· 71

    7.2.5   抽出物 ··· 71

  7.3 本章小结 ·· 72

第二篇　丛生竹材细胞壁主要成分分离纯化及分子结构

第 8 章　巨龙竹半纤维素分离纯化及结构表征 ············ 77

  8.1 材料与方法 ·· 78

    8.1.1   实验材料 ·· 78

    8.1.2   半纤维素分离纯化 ······························· 78

    8.1.3   半纤维素结构表征 ······························· 80

  8.2 结果与讨论 ·· 81

    8.2.1   半纤维素得率 ····································· 81

    8.2.2   半纤维素分子质量 ······························· 82

    8.2.3   半纤维素化学组成 ······························· 84

    8.2.4   半纤维素红外光谱分析 ························· 85

    8.2.5   半纤维素核磁共振波谱解析 ··················· 86

  8.3 本章小结 ·· 90

第 9 章　云南甜竹半纤维素分离纯化及结构表征 ·········· 91

  9.1 材料与方法 ·· 92

    9.1.1   实验材料 ·· 92

9.1.2 半纤维素分离纯化 ……………………………………… 93

9.1.3 半纤维素结构表征 ……………………………………… 94

9.2 结果与讨论 ……………………………………………………… 95

9.2.1 半纤维素得率 …………………………………………… 95

9.2.2 半纤维素分子质量 ……………………………………… 96

9.2.3 半纤维素化学组成 ……………………………………… 97

9.2.4 半纤维素红外光谱分析 ………………………………… 99

9.2.5 半纤维素核磁共振波谱解析 …………………………… 101

9.2.6 半纤维素热稳定性分析 ………………………………… 105

9.3 本章小结 ………………………………………………………… 106

第10章 巨龙竹木质素分离、纯化及结构表征 ……………………… 107

10.1 材料与方法 …………………………………………………… 108

10.1.1 实验材料 ………………………………………………… 108

10.1.2 木质素分离纯化 ………………………………………… 108

10.1.3 木质素结构表征 ………………………………………… 109

10.2 结果与讨论 …………………………………………………… 110

10.2.1 木质素得率与纯度 ……………………………………… 110

10.2.2 木质素分子质量及其分布 ……………………………… 111

10.2.3 木质素红外光谱分析 …………………………………… 112

10.2.4 木质素核磁共振分析 …………………………………… 113

10.3 本章小结 ……………………………………………………… 120

第11章 巨龙竹有机溶剂木质素及LCC连接键的结构表征 ………… 121

11.1 材料与方法 …………………………………………………… 122

11.1.1 实验材料 ………………………………………………… 122

11.1.2 木质素分离纯化 ………………………………………… 122

11.1.3 木质素结构表征 ………………………………………… 123

11.2 结果与讨论 …………………………………………………… 124

11.2.1 木质素组分分离 ………………………………………… 124

11.2.2 化学组成分析 …………………………………………… 125

11.2.3 分子质量分析 …………………………………………… 125

11.2.4 红外光谱分析 …………………………………………… 126

11.2.5 核磁共振分析 …………………………………………… 127

11.3 本章小结 ……………………………………………………… 134

第12章 云南甜竹木质素分离纯化及结构表征 ……………………… 135

12.1 材料与方法 …………………………………………………… 136

12.1.1 实验材料 ………………………………………………… 136

　　12.1.2　木质素分离纯化 ··· 136

　　12.1.3　木质素结构表征 ··· 137

　12.2　结果与讨论 ··· 138

　　12.2.1　木质素得率与纯度 ··· 138

　　12.2.2　木质素分子质量及其分布 ·· 139

　　12.2.3　木质素紫外光谱分析 ·· 140

　　12.2.4　木质素红外光谱分析 ·· 141

　　12.2.5　木质素核磁共振分析 ·· 143

　　12.2.6　木质素热稳定性分析 ·· 150

　12.3　本章小结 ··· 151

第13章　基于 DMSO/TBAH 全溶体系的甜龙竹组分分离及结构表征 ········· 152

　13.1　材料与方法 ··· 153

　　13.1.1　实验材料 ··· 153

　　13.1.2　云南甜竹组分分离纯化 ·· 153

　　13.1.3　云南甜竹组分结构表征 ·· 155

　13.2　结果与讨论 ··· 155

　　13.2.1　云南甜竹组分分离 ·· 155

　　13.2.2　化学组成分析 ·· 156

　　13.2.3　分子质量分析 ·· 157

　　13.2.4　红外光谱分析 ·· 157

　　13.2.5　核磁共振分析 ·· 158

　13.3　本章小结 ··· 160

第14章　总结与展望 ··· 161

　14.1　巨龙竹秆材基础理化性质 ·· 161

　　14.1.1　巨龙竹秆材物理力学性质 ·· 161

　　14.1.2　巨龙竹秆材纤维形态 ·· 162

　　14.1.3　巨龙竹秆材化学组成 ·· 162

　　14.1.4　巨龙竹秆材细胞壁主要组分化学结构 ······································· 163

　14.2　云南甜竹秆材理化性质 ·· 164

　　14.2.1　云南甜竹秆材物理力学性质 ·· 164

　　14.2.2　云南甜竹秆材纤维形态 ·· 165

　　14.2.3　云南甜竹秆材化学组成 ·· 166

　　14.2.4　云南甜竹秆材细胞壁主要组分化学结构 ····································· 167

　14.3　讨论与建议 ··· 168

参考文献 ··· 171

第一篇
丛生竹材物理力学性质、
纤维形态及化学组成

第1章 竹材资源及其开发利用

竹子是重要的森林资源，跟树木相比，竹子生长快，产量高，繁殖力强，一次种植可永续经营，是一类极好的可持续经营资源。目前，人类开发的各种竹材胶合板、竹刨花板、竹纤维板、竹材层压板等在一定程度上已能替代木材，可制作各种家具、地板、体育场馆建材和器具、车厢、集装箱等，并越来越受到人们的喜爱(张齐生，2007)。世界造纸工业每年消耗大量木材原料，是造成森林资源锐减的一个重要原因，而竹子生长快，产量高，纤维细长，竹浆的性能介于针叶材木浆和阔叶材木浆之间，明显优于草类浆，是一种优良的造纸原料，竹浆可单独或与木浆、草浆合理配用，生产多种质优价廉的文化纸、包装纸、工业技术用纸、纸板、胶版纸和铜版纸等纸制品。另外，竹林地下结构由庞大的鞭、根系统组成，系统内竹连鞭、鞭生笋、笋长竹、竹养鞭，形成一个有机的整体，盘根错节，具有很强的固土护岸、防止水土流失的功能，竹子枝叶繁茂，对降水有很好的截流作用，地下枯落物则可吸附水分并保持地温，因此竹子在退耕还林工程中已成为重要的林种(吴良如，1997；傅懋毅和杨校生，2003；辉朝茂等，2003)。

鉴于竹类植物既有直接生产竹材及副产品的经济效益，又有防风固土的生态效益，所以很早以来就被人类广泛用于建筑、造纸、运输、观赏、休闲和竹笋食用等诸多方面，东南亚各国更是把竹林资源誉为"绿色金矿"(吴炳生，1999)。在森林面积迅速减少而人类需求却日益扩大的今天，竹子以其独有的特点和独到的优势，越来越受到人们的重视，以竹代木、以竹养木、以竹胜木，必将是未来森林资源永续经营、林业产业持续发展的一个重要途径(周芳纯，1999；唐永裕，2001)。

1.1 国内外竹类资源概况

竹子是地球上最有生命力的植物之一，适应范围广，从赤道到温带都有分布，北界为北纬51°，南界为南纬47°，其垂直分布可从沿海平原到高山雪域海拔3000~4000m的地区，但绝大部分竹种生长要求温暖湿润的气候条件，多分布在南北回归线之间的热带、亚热带季风气候区的平原丘陵地带(鹏彪和宋建英，2004)。

1.1.1 世界竹类资源

全世界竹类植物有 70 多属 1200 多种，主要分布在热带、亚热带地区，少数种生长在温带和寒带。从世界范围看，竹子地理分布主要划分为三大区域：亚太竹区、美洲竹区和非洲竹区。亚太竹区是世界最大的竹区，南至南纬 42° 的新西兰，北至北纬 51° 的库页岛中部，东至太平洋诸岛，西至印度洋西南部，本区竹子 50 多属 900 多种，既有丛生竹，又有散生竹，前者约占 3/5，后者约占 2/5，其中有经济价值的有 100 多种，主要产竹国家有中国、印度、缅甸、泰国、孟加拉国、柬埔寨、越南、日本、印度尼西亚、马来西亚、菲律宾、韩国、斯里兰卡等。美洲竹区南至南纬 47° 的阿根廷南部，北至北纬 40° 的美国东部，共有 18 属 270 多种，美洲竹类植物中，青篱竹属为散生型，其余 17 属均为丛生型，在北美，除大青篱竹及其两个亚种外，没有乡土竹种，本区主要产竹国包括墨西哥、危地马拉、哥斯达黎加、尼加拉瓜、洪都拉斯、哥伦比亚、委内瑞拉和巴西。非洲竹区竹子分布范围较小，南起南纬 22° 莫桑比克南部，北至北纬 16° 苏丹东部，在这范围内，由非洲西海岸的塞内加尔南部、几内亚、利比亚、科特迪瓦南部、加纳南部、尼日利亚、喀麦隆、卢旺达、布隆迪、加蓬、刚果、扎伊尔、乌干达、肯尼亚、坦桑尼亚、马拉维、莫桑比克，直到东海岸的马达加斯加岛，形成从西北到东南横跨非洲热带雨林和常绿落叶混交林的斜长地带，这是非洲竹子分布的中心(熊文愈，1983；江泽慧，2002b)。欧洲没有天然分布的竹种，北美原产竹子也只有几种，近百年来，英、法、德、意、比、荷等欧洲国家和美国、加拿大等从亚洲、非洲、拉丁美洲的一些产竹国家引种了大量的竹种。据统计，全球的竹林面积约 2200 万 hm^2，年产竹材近 2000t，但目前这些竹林中的大部分还处于野生状态,人工经营程度差,产量较低,有待进一步开发(熊文愈，1983；江泽慧，2002b)。

1.1.2 中国竹类资源

中国是世界竹子分布中心区域之一，是世界上竹类资源最为丰富、竹林面积最大、产量最高、栽培历史最悠久的国家。我国现有竹类植物 40 属 500 余种，主要分布在热带、亚热带和南温带海拔 3000m 以下的山地、丘陵和平原，竹林总面积 484.26 万 hm^2，加上高山竹种面积，可达 700 万 hm^2 以上，占世界竹林面积的 1/3，竹材蓄积量和年产量均占世界的 1/3，素有"竹类王国"之称(辉朝茂等，1996)。

中国竹类植物中，散生竹和丛生竹大约各占一半。由于丛生竹出笋一般较迟，七、八月出笋，严冬来临之际幼竹尚未充分木质化或还在生长，抗寒性较差，所以主要分布于我国南方诸省，到北纬 30° 以北，丛生竹已属罕见。散生竹和混生竹，由于对寒冷和干旱等不良环境有较强的抗性，适应性广，分布范围也就比丛生竹更广，从南方的广东、广西，到北方的河南、山东都有自然分布或引种栽培。高山竹种如箭竹属、玉山竹属、筇竹属等，要求特殊的环境条件，只在高山或深山区生长。

由于各地气候和土壤等条件的差异，我国的竹类资源大致可分为 5 个区 (辉朝茂等，1996)：北方散生竹区、江南混合竹区、南方丛生竹区、琼滇攀缘竹区和西南高山竹区。

1. 北方散生竹区

本区包括甘肃东南部、四川北部、陕西南部、河南、湖北、安徽、江苏及山东南部和河北西南部等地区，相当于北纬 30°～37°。竹林以散生竹为主，亦有混生竹林。长江流域的竹子种类较多，主要是刚竹属、大明竹属、短穗竹属等竹类。

2. 江南混合竹区

本区包括四川东南部、湖南、江西、浙江及福建西北部，相当于北纬 25°～30°，年平均温度 15～20℃，具有散生竹和丛生竹混合分布的特点，既有刚竹属、箬竹属、苦竹属等散生竹类，又有箣竹属、慈竹属等丛生竹类。该区是我国人工竹林面积最大、竹材产量最高的地区，尤其以毛竹为甚，是我国毛竹分布的中心地区，竹产业发达。

3. 南方丛生竹区

本区是我国丛生竹集中分布的地区，本区山地也有散生、混生型竹种分布。根据竹种组成和生境的不同可分为两个亚区：一是华南亚区，包括台湾、福建沿海、广东南岭以南及广西东南部，处于亚热带季风常绿阔叶林地带和热带季雨林、雨林区，该亚区以箣竹属竹类最多；二是西南亚区，包括广西西部、贵州南部、云南大部，该亚区的竹类有牡竹属、巨竹属、空竹属、泰竹属等丛生竹型，其中以牡竹属为多，是该属的地理分布中心。

4. 琼滇攀缘竹区

琼滇攀缘竹区包括海南岛中南部、云南南部和西部边缘，以及西藏南部边缘地带，本区竹类的主要特点是具有多种攀缘型丛生竹类，如梨藤竹属、藤竹属、箣竹属等。

5. 西南高山竹区

本区主要包括地处横断山的西藏东南部、云南西北部和东北部、四川西部和南部。该区主要以箭竹属和玉山竹属等合轴散生高山竹类为主，一般分布在海拔1500～3800m 或更高地带。

1.1.3　丛生竹资源

世界上丛生竹包括 40 个以上属的竹类，其种类占世界总数的 70%以上，主要集中分布于东南亚、南亚各国，拉美热带地区和非洲中南部及太平洋岛国，分布范围十分广泛(马乃训，2004)。

我国合轴丛生竹有 16 属 160 余种，80 余万 hm^2(马乃训，2004)，分布范围北起温州至福建的戴云山以东、两广的南岭以南到云南、四川西南部和西藏南部，大体上在 1 月均 4℃等温线以南的地区，分布区域约占整个竹林分布区的 1/3。主要分布于北亚热带、南亚热带的两广、福建南部、四川西南部、云南南部、台湾等地；在北纬 25°～30°的贵州、湖南、江西、云南北部、浙江南部、福建西北部等地区，也有与散生竹一起成点面混合状分布。

云南省是我国丛生竹资源最为丰富的省区。16 个丛生竹属在云南自然分布的有 13 个竹属，其中有 5 个竹属只在云南省有分布〔巨竹属(*Giganthochloa*)、贡山竹属(*Gaoligongshania*)、空竹属(*Cephalostachyum*)、香竹属(*Chimonocalamus*)、泰竹属(*Thyrsostachys*)〕。牡竹属(*Dendrocalamus*)除少数经济价值较大的栽培种如麻竹(*D. latiflours*)、吊丝竹(*D. minor*)等外，绝大多数分布在云南。云南省南北长不过 500km，东西宽不过 700km，相对于广阔的地球陆地，在这么一个狭小的区域内分布了如此高度密集的古老原始竹属，因而云南理应是世界竹类的起源中心。

丛生竹因其具有秆形高大，生物量高；成丛生长，生长迅速；根茎系统发达，生态功能突出；繁殖容易，育苗方式灵活等特点(陈其兵等，2002；陈宝昆等，2007)，在木材加工和食品利用等方面受到越来越多的关注，尤其是丛生竹纸浆林的培育得到了快速发展。近 20 年来，随着我国现代化林业建设的发展和国家环保项目的实施，丛生竹类资源在我国林业资源中所占的地位日益重要。当前，绿竹(*Dendrocalamopsis oldhami*)(陈余钊等，2003；陈双林等，2008；高贵宾等，2009)、撑绿杂交竹(*Bambusa pervariabilis × Dendrocalamopsis daii*)(庾晓红等，2005；杨芹，2007；武文定等，2008)、慈竹(*Neosinocalamus affinis*)(齐新民和吴炳生，1999；王琼等，2005；段春香等，2008；曹小军等，2009；涂利华等，2010)等丛生竹的生物学特性及经营管理技术已经进行了较为系统的研究，丛生竹的经济效益得到了快速提高。

1.2　国内外竹类资源开发利用现状及发展趋势

1.2.1　国内外竹类资源开发利用现状

很早以来，竹产区国家的人民就用竹子建造房屋，制作生产、生活及娱乐用具，食用竹笋，靠竹林避风、遮阳、改善居住环境等，人们的衣食住行等各方面都与竹子密切相关(王慷林，1994；朱石麟和李卫东，1994；竹林，2003；谢贻发，2004)。随着社会的发展和科学技术的不断进步，竹子的综合利用越来越受到人们的重视。

1.2.1.1　原竹开发利用

竹材的原竹利用即指未进行化学加工或化学改性而直接以原竹为基材的利用方式，具体来讲，主要包括以下几个方面：

1. 竹板材加工

与木材相比，竹材收缩量小，硬度、劈裂性、弹性和韧性较好，顺纹抗压、抗拉等力学强度亦高于木材。对竹材的力学性能测试结果表明：其抗拉强度约为针叶材的 4 倍、阔叶材的 2 倍；抗压强度为木材的 1.5～2.0 倍。但竹材也有自身的缺陷：壁薄中空、直径较小、尖削度大、结构不均匀、易产生虫蛀和霉变，因此，传统的木材加工设备和工艺不能直接用于竹材加工，故长期以来，竹材停留在原竹利用、编织农具、工艺品、制作简单家具和生活用品等初级利用阶段，未能作深度开发(张齐生，1990，2000)。随着木材加工工艺的发展，人们发现木材制成人造板后从根本上改变了木材的特性，受此启发，提出了通过制造人造板来克服竹材各种缺陷的主张。20 世纪 40 年代，国外开始研制竹材人造板，并相继建成了竹纤维板和单板生产线。

我国竹材人造板开发起步较晚，始于 20 世纪 70 年代，发展于 80 年代，现已具有相当的规模，为"以竹代木"的实现开辟了一条新路，到目前为止，已有 20 余个系列，2000 多种产品(李琴，2000)。我国研制投产的竹质人造板主要有竹编胶合板、竹材胶合板、竹篾层压板、竹材纤维板、刨花板、竹丝水泥板、竹木复合板等，研制生产的竹拼地板、竹节板、竹旋切板、竹断面板及竹塑材料等产品，强度高、质地好，外形美观，经久耐用，受到国内外市场的欢迎；日本重视竹材的深度加工，利用竹材旋切的单板做胶合板的装饰贴面；菲律宾竹镶花地板和层积竹片等已取得专利(周芳纯，1992；钟懋功和刘璨，1999)。

2. 日用竹制品加工

在竹材加工利用中，日用竹制品的使用历史最为悠久，至今仍然具有相当的生产规模。目前，工业化生产的日用竹制品主要有竹家具、竹凉席、竹筷、竹签等几类。竹家具的生产与使用在我国有悠久的历史，尤其在我国江南使用十分普遍；竹凉席是我国日用竹制品的大宗产品，在我国南方各省均有生产，其中，以湖南益阳的水竹凉席和安徽舒城的舒席历史最久，堪称我国竹席中的珍品；筷子是东方人生活中不可缺少的餐具，竹筷有着广阔的市场，今后仍是国内外市场所需的大宗产品。日用竹制品的品种很多，常用的还有竹扇、竹笠、竹伞、竹杖等，它是人们生活中不可缺少的日常用品。随着人们生活水平的提高，还将有更多的日用竹制品问世，这也是竹业开发的方向之一。

3. 竹工艺品加工

竹工艺品在华夏大地上已经历了数千年的历史，按制作工艺不同可将竹工艺品分为竹编工艺品及竹雕工艺品两大类。竹编工艺是我国传统手工艺，历史悠久，技艺精湛,现在已从传统的篮、盘、罐、盒发展到屏风、动物、人物、家具、装饰等十几类。它不仅可美化人们的生活,也是我国重要的出口商品。我国各地竹编工艺的传统风格和发展趋势不同,竹编工艺也展现着地域文化的特色。浙江省的竹编最为著名;四川盛产慈竹,该竹材富有弹性,很适于编织,四川的竹编工艺富有巴蜀文化特色;福建、湖北、江西、广西是我国竹编工艺品的重要产地;云南、贵州等省少数民族地区的竹编工艺品具有民族特色,显示了少数民族人民热爱生活、憧憬未来的美好愿望和审美情趣。在"回归大自然"的潮流影响下,竹工艺品具更广阔的市场。

1.2.1.2　竹子的化学利用

竹材的化学利用是指通过各种化学加工的方法开发以竹材为主要原料的竹材化工产品,其最大特点主要是利用竹材内含有的纤维素、半纤维素、木质素和各种内含物及竹材的特殊微观结构。近几年来,国内外开始重视竹材的化学利用,开发了多种以竹材为主要原料的化工产品,目前,已形成工业规模的主要有竹浆造纸、竹炭系列产品、竹纤维制品及竹子提取物的应用等几个方面。

1. 竹浆纸

据国内外研究,竹材纤维细长,可塑性好,纤维素含量高,适合制造各种优质纸浆。另外,竹子生长快、产量高、成材早,一次种植可以永续经营,如果培育竹浆林基地,单位面积年产纤维量可比一般针阔叶树林高1～2倍;竹材密度大,无须剥皮,其蒸煮产量比木材、草类原料可增加10%～20%。目前,竹浆造纸已经成为各产竹国竹材利用的共同发展方向(Hiroshi,1998;吴开忻,1999;Suzuki et al.,2001;杨仁党和陈克复,2002;贺燕丽,2003;马乃训等,2004)。常用的制浆竹材有30余种,不少竹种尤其是某些丛生竹更是造纸的优良原料(马灵飞和朱丽青,1990;夏玉芳,1997;王文久,1999;苏文会等,2005a,2005b),早在晋代,中国的劳动人民就开始利用竹子造纸,迄今已有1700多年的历史(关传友,2002)。当前,随着新闻、出版、包装业的迅速发展,我国已成为纸张的生产和消费大国。由于我国森林资源短缺,木浆生产能力和市场需求之间的矛盾日益突出,发展竹浆造纸是解决我国纸业供需矛盾的有效途径,也是调整我国纸业原料结构的现实方法。目前,我国部分地区利用竹浆造纸已经初具规模,尤其四川、福建等地竹浆造纸产业化程度较高。除我国外,世界上利用竹浆造纸的国家主要有印度、日本、孟加拉国、缅甸等,其中印度的竹浆产量居世界首位,其造纸工业中60%以上的纸浆来源于竹子(吴炳生,1999)。竹纸一般能保留其天然纹理,有大而多孔的结构,吸水性强,通过纸浆精加工和添加化学成分,可改善竹纸的印刷性能(Hiroshi,1998)。

2. 竹炭制品

竹子经热解可用来制造竹炭和竹焦油,竹炭是近几年来刚刚兴起并迅速掀起开发热潮的产品，它的主要用途有：①有很强的吸附能力，可用来净化自来水、污水、河道和渔场，用在电冰箱中可以消除食品的异味，保持食品新鲜不变质；②具有改良土壤、促进植物根系生长等功能；③可作为烧烤、野炊的燃料。目前，由于其他薪炭材的砍伐受到限制，作为燃料的竹炭前景看好。竹炭制品主要有竹炭片炭、竹炭筒炭、竹炭颗粒、竹炭粉末、竹碎炭及用竹炭生产的生活日用品，如竹炭床垫、枕头、枕垫、马甲、腰带、文胸、帽、护腕带、坐垫、靠垫、鞋垫、香皂、沐浴露、洗面奶、洗发精等。随着科学技术的发展，竹炭已不再是一种简单的能源性材料，其应用范围和领域将会更加宽广，尤其是纳米技术和高新材料制备技术的发展，使竹炭的应用范围扩大到整个材料领域，它作为环保材料和功能性材料将会得到更为广泛的应用。竹子炭化时所产生的竹醋液中的化学成分十分复杂，主要有乙酸、丙酸、丁酸、甲醇和多种有机成分，目前主要应用在保健、饮料、动物饲料场所除臭等方面。我国到 20 世纪 90 年代末才开始综合利用竹资源开发竹醋液。目前，国内除浙江、广西几家小型企业有提取竹醋液及其衍生产品的初步开发以外，尚无大规模机械化生产的报道。

3. 竹纤维制品

竹纤维是在竹浆基础上发展而来的一种竹材化学利用新方向。竹纤维是一种新型竹产品，通过化学及物理方法将竹纤维分离后经过纺织手段制成可裁剪布料，应用于服装加工等行业。竹纤维属于高科技绿色生态环保产品。目前生产的竹纤维有两种：一种为竹原纤维，也称天然竹纤维，由于技术原因，天然竹纤维在短时间内还难以实现产业化；另一种为竹浆纤维，也称再生竹纤维，是以竹子为原料，经一定工艺制成满足纤维生产要求的竹浆粕，再将竹浆粕加工成纤维。目前，制造竹浆纤维主要有溶剂纺丝法(竹 Lyocell 纤维)和黏胶纺丝法(竹黏胶纤维)。用竹子纺织的竹 Lyocell 纤维与普通的 Lyocell 纤维一样，具有高强度、高湿模量和优良的尺寸稳定性，具有较好的服装用性能(窦营和余学军，2008)。此外，竹纤维还具有可降解、加工过程不会污染环境等特点。

4. 竹子提取物

竹子含有丰富的各种抽提物，竹汁中除含有大量的维生素、氨基酸、叶绿酸外，还含有丰富的具有活化细胞功能的锗、硅等元素，以及糖类、黄酮类等许多生物活性物质。将竹汁加工转化为医药、饮料、保健食品等各种商品，具有现实意义。我国浙江、广西、四川、福建、湖南等省区均已使用竹汁开发出了竹汁神酒、竹汁可乐、天然竹饮料、竹香米等新型食品。竹汁还可添加到各种食品中制成竹茶、竹汁酱油、竹汁米粉团等。从竹叶中提取的叶绿素和盐类可广泛用于食品着色及化妆品、医药上用作活性剂和着色剂；竹提取物还可制成竹叶保鲜剂、天然食品添加剂、油脂抗氧化剂、抗肿瘤药、胰蛋白酶抑制剂等。

1.2.1.3　竹笋生产

竹笋是我国的传统素食品种之一，是一种全能型营养蔬菜，其营养成分比一般蔬菜高。竹笋味鲜可口，宋代诗人杨万里曾作过"顿顿食笋莫食肉"的诗句，认为竹笋是"蔬菜中第一品"的佳肴。我国可供笋用的竹子有几十种，产量居世界之首，目前产品已输入日本、菲律宾及欧美市场等世界各地(吴炳生，1999)。

1.2.2　国内外竹类资源开发利用发展趋势

林木资源锐减是全球面临的共同问题，竹子作为一种优良的可持续发展资源，越来越受到人们的重视，"以竹代木"是 21 世纪森林资源利用的重要方向。我国森林资源匮乏，天然林保护工程的实施为竹材的开发利用提供了更加广阔的空间。

目前，我国对竹材的工业化利用仅局限在少数省份，整体水平不高。许多地方尤其是西南部山区还主要停留在编织、竹屋等传统的利用方式，竹林培育也以散户种植为主，分布零散。竹材加工厂也以小企业为主，甚至是家庭作坊，这种产业现状导致企业技术装备水平低，新产品、新技术开发能力弱，高技术含量、高附加值产品不多。

因此，我国要弥补森林资源的不足，充分利用丰富的竹类资源，真正实现"以竹代木"，就必须摆脱传统的竹林培育和加工模式，走"企业带基地、基地连农户"的产业化经营之路，加快形成以资源培育为基础、以精深加工为带动、以科技进步为支撑的竹业发展新格局，这也是我国竹材开发利用的必然趋势和必由之路(国家林业局森林资源管理司，2005)。

1.3　中国竹类资源开发利用存在问题及对策分析

1.3.1　中国竹类资源开发利用存在问题

中国是世界上最主要的产竹国，竹类种质资源、竹林面积、竹材蓄积量和竹材产量均居世界首位。丰富的竹子资源为我国竹产业的发展奠定了坚实的基础。近年来，我国竹材加工业蓬勃发展，除传统产品外，随着市场需求的变化和科学技术的进步，新产品不断涌现，竹产业整体呈现出欣欣向荣的新气象。但与此同时，我国在竹类资源的开发利用中，也面临着种种亟待解决的问题，如果不能及时解决这些问题，其结果必将直接影响我国竹产业的持续经营和快速发展(苏文会，2005)。

1. 竹种利用单一，丛生竹资源开发不够

我国有竹类植物 40 属 500 多种，而目前真正产业化开发的不过 20 余种，多样化利用程度较低。对材用林来说，仍然仅局限在毛竹等少数种，而对大多数品质优良的竹种，尤其是丛生竹种，开发研究的很少或很粗浅。

长期过度依赖毛竹资源，一方面，使得其他许多优良竹种因为人类乏于利用和破坏而慢慢衰退，这对竹种的多样性保护和整个竹林生态平衡带来了不利的影响；另一方面，竹种单一化经营使毛竹原料的价格一直居高不下，给以竹材为原料的加工利用行业注入了潜在危机，在一定程度上制约了竹产业的发展（丁雨龙，2002）。国家曾于 20 世纪 80 年代中期在福建和江西等地建设了大规模的竹浆造纸企业，最初设想是以当地的毛竹资源为原料，然而企业建成之后，由于毛竹材价格过高，而其他竹种培育和基地跟不上，致使这些造纸厂根本无法运作，最终只能纷纷转产。

根据竹子地下茎的分生繁殖特点和形态特征，竹类可分为丛生、散生和混生三大类型。虽然丛生竹林的生物量大，成熟年限短，竹纤维含量高、质量好，作为造纸和刨花板原料有着散生竹难以媲美的优越性，发展前景十分广阔。然而，近几十年我国竹林培育和开发的实践表明，丛生竹的利用并未引起人们的足够重视。今天，竹材加工业迅猛发展，选择材性优良的丛生竹种进行培育和开发，无论对改变竹材单一化利用模式、缓解竹材加工业原料成本过高的状况，还是对竹种多样性保护都具有十分重要的意义。

2. 原料需求量大，而竹材产量偏低，供需矛盾突出

第 8 次全国森林资源清查结果显示：全国的木材消耗量将近 5 亿 m³，我国木材对外依赖度达 50%。根据国家林业局测算，到 2020 年，中国的木材需求量可能会达到 8 亿 m³，木材供需矛盾将进一步加剧。

造纸工业是我国木材消耗的大户。据中国造纸协会调查资料显示，2014 年全国纸及纸板生产企业约 3000 家，全国纸及纸板生产量 10470 万 t，消费量 10071 万 t，人均年消费量为 74kg。中国纸和纸板的生产量和消费量都已位列世界第一，但人均消费量还是很低。统计资料显示，仅 2014 年，中国进口纸及纸板、纸浆、废纸、纸制品合计 4844 万 t，用汇 217.24 亿美元。有关学者认为，中国对纸的需求的增长将超出人们的保守预测，中国纸张的进口依存度有可能以更快的速度增长。

未来抑制纸和纸板生产发展的主要因素将是用于造纸工业有限的原料。从我国的资源状况看，要缓解造纸原料短缺这一压力，砍伐树木发展木浆造纸已不可能。但我国有丰富的竹类资源，利用这一优势，大力营造竹林是缓解木材资源压力的有效途径。从竹材材性来看，竹材纤维细长，平均长度达 16～20mm，介于针叶材和草类之间，属中长纤维原料，纤维交织力较好；纤维素和聚戊糖含量较高，而木质素比例相对较低，蒸煮条件缓和；另外，竹材较大的密度可以增大蒸煮容器的装料量，从而提高设备利用率，研究和实践表明，竹子是优良的造纸原

料。近年来，在经济体制改革和市场巨大需求的拉动下，竹浆造纸业呈现出迅猛的发展势头和欣欣向荣的局面，造纸工业对竹材原料的需求急剧增加。

3. 竹林基地建设滞后，优良竹种的选育势在必行

竹材利用要实现产业化，必须走加工企业和竹林基地建设一体化的道路。基地建设是竹材加工的第一车间，竹材工业要持续稳定地发展，原料基地建设要先行，要放在首位，否则这些企业必然成为无源之水(江泽慧，2002a)。近年来，四川、江西、福建等地一大批纸浆厂都在利用竹浆造纸，竹材需求量日趋上升。然而，如前所述，用于制浆的主要竹种大多产量不高，加上原料基地建设投入不够，竹材供应远远不能满足实际需要。

印度是世界上第一个利用竹浆造纸的国家，竹浆产量一度超过纸浆总量的70%，但由于长期以来对原料基地建设重视不够，原料供应日益短缺，致使竹浆造纸业迅速衰退，被迫每年耗巨资从国外进口纸浆。我们应该从中吸取教训，不再走这条老路。

实践表明，建设原料基地，优良竹种的选育是关键。选择产量高、材性好的竹种进行培育，一方面可以满足竹浆纸厂原料的供应，另一方面也能让竹农得到较大的收益，这样基地建设才能持续发展(辉朝茂等，2004a)。

4. 竹产业区域发展不平衡，东西差距大

东部沿海省份竹产业发达、经济实力较强、发展水平较高，内陆省份虽然竹资源优势明显，但竹产业发展滞后，经济实力相对较弱。各地区之间竹产业发展不平衡，中西部地区竹资源优势和潜力远未发挥出来。此外，一些地方没有充分结合当地竹资源和经济社会实际情况，未能充分发挥优势、发展具有当地特色的区域竹业经济，效益低下，产品雷同，缺乏特色(程良和王刚，2007)。

1.3.2 对策分析

针对上述竹类资源开发中存在的种种问题，我国在当前和今后相当长的一段时期内应切实采取以下几项措施(程良和王刚，2007)。

1. 加大资源培育力度，提高竹林经营水平

丰富的竹资源是竹产业发展的基础，要以提高单位面积产量和质量，提高资源综合利用率为中心，大力抓好竹林资源培育，加大管护力度，依靠科技进步，大力研究、引进、推广规模化集约培育、低产竹林改造、优良竹种质创制、优质种苗扩繁与培育、特用竹林培育等新技术，提高单位面积产量，改善竹种结构。加强竹林基地建设，实施定向培育，建设一批高产竹林示范基地。树立科学的竹林经营观，把科学管理的理念渗透到竹林经营的全过程，积极推广节约、高效、综合、循环利用的技术模式，不断提高竹林集约经营水平。

2. 提高和完善产业化程度, 形成竹产业发展新格局

加快建立和完善现代企业制度, 实行专业化生产、一体化经营, 加强竹企业间的合作, 逐步走向集约化、规模化、国际化发展的道路。要以市场为导向, 建设专业化、规模化的特色生产基地, 积极引导"企业带基地, 基地连农户"的产业化经营模式, 加快形成以资源培育为基础、以精深加工为带动、以科技进步为支撑的竹产业发展新格局。竹企业要创新经营理念, 提高经营管理水平, 不断提高产品档次和质量, 积极开拓国内外市场, 整合资本、技术、人才等资源, 增强企业发展后劲和活力。大力培育一批竹产业龙头企业和名牌产品, 根据区域经济优势, 统筹规划, 合理布局, 重点扶持和发展一批带动能力强、示范效应大的龙头骨干企业, 开展名牌、特色竹产品和竹产业集群的认定扶持, 引领竹产业快速发展。鼓励发展新兴产品产业, 培育新的经济增长点, 延伸产业链, 逐步加大第三产业比例, 充分发挥资源和地缘优势, 向多种资源科学开发、永续利用、多元化、复合型发展的竹产业接轨, 把竹产业做活、做强。

3. 提高科技研发能力和推广力度, 为发展现代竹产业提供技术支撑

发展现代竹产业, 必须充分发挥科技的支撑、引领、突破和带动作用。要认真落实全国林业科技大会的总体部署, 按照"一手抓创新, 一手抓推广"的方针, 在增加科技投入的前提下, 建立和完善产学研相结合、分层次、有重点的竹业科技创新体系。要提高科研院所的自主创新能力, 加快竹业科技研发人才队伍建设, 加强企业技术创新。加快科技推广和成果转化, 加强科技示范点和中试基地建设, 开展送科技下乡活动, 组织培训竹农。建立竹产业、竹产品质量检验检测体系, 加快竹产业技术标准化体系建设。在研发方向上, 今后应重点开展竹子工程材料技术、新型竹炭产品研制技术、新型竹人造板生产技术、竹活性物质提取与利用技术、竹纤维提取与利用技术、无污染竹浆生产技术等高科技含量、高附加值新型竹产品加工技术方面的研究, 研发出一批拥有自主知识产权的新技术、新产品, 提高竹产业的竞争力。

第2章　巨龙竹物理力学性质

竹材是我国重要的速生、可再生森林资源之一，具有生长快、成材早、产量高、一次造林只要合理经营可以长期使用的特点。与木材相比，竹材具有强度高、弹性好、硬度大等优点，长期以来一直是我国和世界其他产竹国及地区重要的建筑用材料之一。目前，在我国建筑行业应用较为广泛的竹种为毛竹。毛竹为一种散生竹，由于其竹干通直均匀，尖梢度小，力学强度高，因此在建筑脚手架、竹地板、竹车厢板、竹水泥模板等方面得到广泛应用。另一类在我国有较大利用前景的竹种为丛生竹。与散生竹相比，丛生竹具有生长快、产量高、在我国南方分布广泛等特点。但是，由于丛生竹竹种的竹干较为弯曲，其物理力学性能变异较大，研究数据较少，目前尚未在建筑等行业得到广泛应用。因此，深入开展我国丛生竹种物理力学性能研究，将对我国广大产竹地区丛生竹种的开发利用及提高这些地区的人民生活水平具有重要意义。

在我国丰富的可再生农林生物质资源中，自然分布于云南西南部地区、拥有世界上最大地上茎秆的巨龙竹(*Dendrocalamus sinicus* Chia et J. L. Sun)因其特有的秆材优异性成为我国竹类资源中的一朵奇葩，被视为具有极高研究价值和开发利用前景的特大型经济用材竹种之一(Yang et al.，2004；张齐生，2007)。巨龙竹属禾本科(Gramineae)竹亚科(Bambusoideae)牡竹属(*Dendrocalamus*)，原产于云南西南部西双版纳、德宏、普洱、保山等地区，1982年首次在云南西双版纳被发现并命名(贾良智和孙吉良，1982)。其秆高可达30m以上，径粗可达34cm以上，是世界上迄今为止所发现的秆型最为高大的竹种(辉朝茂等，2006)。据辉朝茂等(2004b)研究，巨龙竹单位面积产材量比毛竹高5~8倍，堪称"竹中极品、世界之最"。现有研究表明，巨龙竹秆材高大、生长速度快、纤维形态好、主要组分含量可与针叶材媲美，在制浆造纸、人造板材和生物炼制等工业领域表现出极高的研究开发价值。

2.1　材料与方法

2.1.1　样品采集地的地理概况

本次实验用巨龙竹采自云南省孟连傣族拉祜族佤族自治县(以下简称孟连县)

景信乡。孟连县地处东经 99°，北纬 22°39′，景信乡位居孟连县境内东北部，面积 169.88km³，共有 5 个村公所，下设 50 个自然村。孟连县的自然气候属于南亚热带湿润气候类型，年平均降雨量 1633mm，年降水日数达 170 天，1～3 月降水量最少，5～10 月是雨季，降雨量占全年降雨量的 88%；海拔最高点 1525m，海拔最低点 1065m，年平均日照 2050h；平均气温为 19℃，最高气温达 37℃。

2.1.2　材料及其保存

薄壁型巨龙竹竹壁较薄，竹节间较为平滑，竹秆中下部仅有少量节内气生根；厚壁型巨龙竹的竹壁较厚，竹节间明显凸起，竹秆中下部气生根发达(图 2-1，图 2-2)；两类竹材都应选择生长正常，无病虫害，胸径差异不大的 3~5 年生竹株，采伐 2~3 株，去梢和侧枝后，将竹秆三等分，每段截取包含 2 个节和 3 个节间的一段圆竹，编号后标记，作为测试材料运回实验室。由于样品采集地温度高、湿度大，所以在运输过程中尽量保持通风，避免实验样品霉变，影响实验结果。试实验品基础数据见表 2-1。

图 2-1　薄壁型巨龙竹

图 2-2　厚壁型巨龙竹

表 2-1　竹材实验样品数据测量结果

Tab.2-1　The tested results of bamboo sample

编号	节数	节间距离/cm	直径/cm	壁厚/cm
薄壁型-根部	第 3~5 节	18.5	24.0	2.0
薄壁型-中部	第 35~37 节	36.0	18.5	1.0
薄壁型-梢部	第 63~65 节	42.5	12.0	0.6
厚壁型-根部	第 3~5 节	16.5	22.0	2.7
厚壁型-中部	第 41~43 节	37.5	19.0	0.9
厚壁型-梢部	第 62~64 节	41.0	12.5	0.6

2.1.3　试样制作

为了保证各种试样取自竹竿上相对一致的位置，将圆筒剖开，对称取材，自下而上分别依次截取密度、吸水性、干缩性和湿胀性试样。每一试样相对的两个断面应相互平行并与侧面垂直，两个弦面保留竹青与竹黄的原状。各试样规格严格按照国标要求制作。

其中，竹材密度、吸水性、干缩性、湿胀性试样规格为：10mm（纵向）×10mm（弦向）×$t$mm（竹壁厚），基本密度和干缩性测试的试样用饱和水分的试样制作。

顺纹抗压强度试样规格：20mm×20mm×$t$mm。

抗弯强度和抗弯弹性模量试样规格：160mm×10mm×$t$mm。

2.1.4　部分试样含水率调整

因为含水率对竹材的性质有较大的影响，所以这些性质的测试试样必须调整到相同含水率下才能测定和比较。国标 GB/T15780—1995 规定应将试样调整到 12%的平衡状态，方法是：将制作好的试样放置于 20℃±2℃，相对湿度 65%±5%的恒温恒湿箱中，调整至平衡状态，一般需要 10~14 天。如环境温度低于或高于 20℃±2℃时，需相应降低或升高相对湿度，以保证试样含水率为 12%。

2.1.5　物理力学性能测试

2.1.5.1　含水率测定

含水率是试样中所含水分的质量与全干试样质量的比值。本实验参照 GB/T 15780—1995 测定。

试样的含水率按式(12)计算，准确至 0.1%。

$$W = \frac{m_1 - m_0}{m_0} \times 100 \tag{2-1}$$

式中，W 为试样的含水率(%)；m_1 为实验时试样的质量(g)；m_0 为试样全干时的质量(g)。

2.1.5.2　干缩性测定

竹材从湿材到气干时或全干时的尺寸、体积的差值，与湿材尺寸、体积之比，表示竹材气干或全干时的线向干缩率及体积干缩率。参照国标制作试样，并按 GB/T15780—1995 规定测定径向、弦向和纵向尺寸，记为 L_{max}，放入 20℃±2℃，相对湿度 65%±5% 的恒温恒湿箱中使其气干并达到尺寸稳定，测定竹材径向、弦向和纵向尺寸，记为 L_W，称其质量记为 m_W；将称量好的试样烘至全干，测定各向尺寸和质量，分别记为 L_0 和 m_0。

线向和体积的气干、全干缩率可由式(2-2)、式(2-3)、式(2-4)、式(2-5)计算，准确至 0.1%。

$$B_{max} = \frac{L_{max} - L_0}{L_{max}} \times 100 \tag{2-2}$$

$$B_W = \frac{L_{max} - L_W}{L_{max}} \times 100 \tag{2-3}$$

$$\beta_{V max} = \frac{V_{max} - V_0}{V_{max}} \times 100 \tag{2-4}$$

$$\beta_{VW} = \frac{V_{max} - V_W}{V_{max}} \times 100 \tag{2-5}$$

式中，B_{max}、B_W 为全干和气干时的线向干缩率(%)；$\beta_{V max}$、β_{VW} 为全干和气干时的体积干缩率(%)。

2.1.5.3　密度测定

气干和全干密度测定：按照国标 GB/T15780—1995 制作试样，并调整含水率，测量试样径向、弦向和纵向尺寸，得 V_W，并称取试样质量，记为 m_W；将试样烘至全干，测量全干试样的各向尺寸，得 V_0，称其质量记为 m_0，其中各尺寸准确至 0.01mm，质量准确至 0.001g。

气干和全干密度按式(2-6)、式(2-7)计算，准确至 0.1%。

$$\rho_W = \frac{m_W}{V_W} \tag{2-6}$$

$$\rho_0 = \frac{m_0}{V_0} \tag{2-7}$$

式中，ρ_W 为试样含水率为 W% 时的气干密度(g/cm³)；ρ_0 为试样全干时的密度(g/cm³)；m_W 为试样含水率为 W% 时的质量(g)；V_W 为试样含水率为 W% 时的体积(cm^3)；m_0 为试样全干时的质量(g)；V_0 为试样全干时的体积(cm^3)。

基本密度测定：用饱和水分的试样按相应规格制作试样，试样完成后，测定试样径向、弦向和纵向尺寸，计算其体积 V_{max}，然后将试样烘干，称取其质量，记为 m_0，试材的基本密度按式(2-8)计算，准确至 0.001g/cm^3。

$$\rho_y = \frac{m_0}{V_{max}} \qquad (2\text{-}8)$$

式中，ρ_y 为试样的基本密度(g/cm^3)；m_0 为试样全干时的质量(g)；V_{max} 为试样饱和水分时的体积(cm^3)。

2.1.5.4　湿胀性测定

国家标准中对竹材湿胀性的测试方法尚无规定，因此参考中华人民共和国国家标准《木材湿胀性测定方法》(GB/T1934.2—1991)，对竹材湿胀性与吸湿性进行了测定。

将制作好的试样放入烘箱内，先将温度保持60℃约4h,再升温将其烘至全干，测定各向尺寸，计算体积 V_0，然后将其放入 20℃±2℃，相对湿度 65%±5%的恒温恒湿箱中，使之吸湿，定时测定尺寸，直至吸湿体积稳定后，记下各向最大吸湿尺寸，计算吸湿后的体积 V_W，再放入盛有蒸馏水的容器中，使之吸水到体积稳定，测量各向尺寸，计算最大体积 V_{max}。全干至气干体积湿胀率、全干至吸水尺寸稳定时的体积湿胀率按式(2-9)、式(2-10)计算：

$$a_{VW} = \frac{V_W - V_0}{V_0} \times 100 \qquad (2\text{-}9)$$

$$a_{V\,max} = \frac{V_{max} - V_0}{V_0} \times 100 \qquad (2\text{-}10)$$

式中，a_{VW} 为试样从全干至气干时的体积湿胀率(%)；$a_{V max}$ 为试样从全干至吸水尺寸稳定时的体积湿胀率(%)；V_W、和 V_0 为分别为试样的气干体积和全干体积(mm^3)；V_{max} 为试样吸水至尺寸稳定时的最大体积(mm^3)。

2.1.5.5　吸水性测定

参考中华人民共和国国家标准《竹材吸水性测定方法》(GB/T 1934.1—1991)，对竹材吸水性进行了测定。

取全干密度测试后的试样(全干质量 m_0)放入盛有蒸馏水的容器中，定时称量，记录其质量 m，直至饱和吸水。

试样在不同时间的吸水率 A 按式(2-11)计算：

$$A = \frac{m - m_0}{m_0} \times 100 \qquad (2\text{-}11)$$

式中，A 为试样的吸水率(%)；m 为吸水后的质量(g)；m_0 为试样全干时的质量(g)。

2.1.5.6　纤维饱和点测定

纤维饱和点对于竹材利用具有十分重要的意义,是竹材材性变化的转折点(余立琴等,2013)。由于国家标准对纤维饱和点的测定没有规定,本书参照《材用竹资源工业化利用》(辉朝茂和杨宇明,1998)中的关于竹材纤维饱和点的计算公式,测定巨龙竹的纤维饱和点。

按式(2-12)计算:

$$W = \frac{\beta_{V\max}}{\rho_y} \tag{2-12}$$

式中,W 为竹材纤维饱和点;ρ_y 为试样的基本密度(g/cm^3);$\beta_{V\max}$ 为全干时的体积干缩率(%)。

2.1.5.7　顺纹抗压强度测定

按国标要求制作顺纹抗压强度试样,在每一试样上截取一个试样,试样尺寸为 20mm(纵向)×20mm(弦向)×$t$mm(竹壁厚)。然后将试样放入 20℃±2℃,相对湿度 65%±5%的恒温恒湿箱中,调整其试样含水率约达到 12%。在试样长度和宽度的中点处,用游标卡尺测量竹壁厚度,该尺寸为试样厚度;弦向靠竹青、竹黄处的尺寸,取均值为宽度,准确至 0.1mm。

将试样放在实验机球面滑动支座的中心位置,施力方向与纤维方向平行,实验时以匀速加荷,在 1min±0.55min 内使试样破坏。试样破坏后,立即将整个试样进行称量,精确至 0.001g。并测定该状态下试样的含水率。试样含水率为 W%时的顺纹抗压强度,按式(2-13)计算,准确到 0.1MPa。

$$\sigma_w = \frac{P_{\max}}{bt} \tag{2-13}$$

式中,σ_w 为试样含水率为 W%时的顺纹抗压强度(MPa);$P_{\max}$ 为破坏荷载(N);b 为试样宽度(mm);t 为试样厚度(竹壁厚)(mm)。

试样含水率为 12%时的顺纹抗压强度,按式(2-14)计算,准确至 0.1MPa。

$$\sigma_{12} = \sigma_w [1 + 0.045(W - 12)] \tag{2-14}$$

式中,σ_{12} 为试样含水率为 12%时的顺纹抗压强度(MPa);W 为试样含水率(%)。

试样含水率在 9%~15%时按式(2-14)计算有效。

2.1.5.8　抗弯强度测定

按国标要求制作试样。参照 GB/T 15780—1995 测定抗弯强度。

抗弯强度只作弦向试验。在试样长度中点处,用游标卡尺测量竹壁厚,该尺寸为宽度,弦向靠竹青、竹黄处的尺寸,取均值为高度,准确至 0.1mm。采用中央单点加荷，将试样放在试验装置的两个支座上，跨距为 120mm。沿试样的弦向以匀速加荷，在(1±0.5min)内使试样破坏。试验后，立即在试样靠近破坏处，截取约30mm 长的竹块一个进行称量，精确至 0.001g。并测定该状态下试样的含水率。

抗弯强度按式(2-15)计算，精确至 0.1MPa。

$$\sigma_{bW} = \frac{3P_{\max}L}{2bh^2} \tag{2-15}$$

式中，σ_{bW} 为试样含水率为 $W\%$ 时的抗弯强度(MPa)；$P_{\max}$ 为破坏荷载(N)；L 为两支座间跨距，为 120(mm)；b 试样厚度(竹壁厚)(mm)；h 为试样高度(mm)。

试样含率为 12%时的抗弯强度，按式(2-16)计算，准确至 0.1MPa。

$$\sigma_{b12} = \sigma_{bw}[1+0.025(W-12)] \tag{2-16}$$

式中，σ_{b12} 为试样含水率为 12%时的顺纹抗压强度(MPa)。

试样含水率在 9%~15%时按式(2-16)计算有效。

2.1.5.9 抗弯弹性模量测定

按国标要求制作试样。参照 GB /T 15780—1995 测定抗弯弹性模量。

抗弯弹性模量只作弦向实验，采用中央单点加荷，用百分表测量试样的变形。测量试样变形的下、上限荷载，为 100～200N，实验时以匀速加荷至下限荷载，立即读百分表指示值，读至 0.005mm，然后经约 10s 加荷至上限荷载，再记录百分表指示值，随即卸荷。如此反复 5 次。每次卸荷，应稍低于下限，然后再加荷至下限荷载。抗弯弹性模量测定后截取含水率试样，测定试样的含水率。根据后3 次测得的试样变形值，分别计算出上、下限的变形平均值。上、下限荷载的变形平均值之差即为上、下限荷载间的试样变形值。

试样含水率为 $W\%$ 时的抗弯弹性模量，按式(2-17)计算，准确至 10MPa。

$$E_W = \frac{PL^3}{4bh^3 f} \tag{2-17}$$

式中，E_W 为试样含水率为 $W\%$ 时的抗弯弹性模量(MPa)；P 为上、下限荷载之差(N)；L 为两支座间跨距，为 120mm；b 为试样厚度(mm)；h 为试样高度(mm)；f 为上、下限荷载间的试样变形值(mm)。

抗弯弹性模量值不换算为含水率 12%时的数值，但要说明该竹种试样实验时含水率的变化范围。

2.1.6 测试结果的统计处理

本书的数据采用 Excel 软件收集录入，数据分析采用 SAS9.3 软件。定量资料的数据描述采用均值±标准差表示；两组间定量资料的比较采用独立样本 T 检验，

$P<0.05$ 认为有统计学意义。

2.1.6.1　平均值［式 (2-18)］

$$\bar{x} = \frac{\sum x_i}{n} \tag{2-18}$$

式中，$\bar{x}$ 为实验结果的平均值；x_i 为每个试样的实验结果；n 为试样的个数。

2.1.6.2　标准差［式 (2-19)］

$$s = \sqrt{\frac{\sum (x_i - x)^{-2}}{n-1}} \tag{2-19}$$

式中，s 为实验结果的标准差。

2.1.6.3　标准误差［式 (2-20)］

$$r = \pm \frac{s}{\sqrt{n}} \tag{2-20}$$

式中，r 为标准误差；s 为实验结果的标准差。

2.2　结果与分析

2.2.1　吸水率

竹材吸水率是指正常大气压下竹材吸水程度的物理量。薄壁型和厚壁型巨龙竹的吸水率见表 2-2。由表 2-2 可知，薄壁型和厚壁型巨龙竹的吸水率分别为 62.68% 和 64.25%。

表 2-2　薄壁型和厚壁型巨龙竹及其他参比竹种吸水率

Tab. 2-2　The water absorption of thick-walled and thin-walled types of

Dendrocalamus sinicus and other compared fibrous material

竹种	不同部位的吸水率/%			均值
	根部	中部	梢部	
薄壁型巨龙竹	87.36	55.92	44.75	62.68
厚壁型巨龙竹	85.66	58.03	49.06	64.25
大木竹	—	—	—	77.80
毛竹	—	—	—	50.40
青皮竹	—	—	—	64.30

注：表中大木竹、毛竹、青皮竹的数据引自《关于大木竹的开发与利用评价》（苏文会，2005）。

将薄壁型与厚壁型巨龙竹秆材的吸水率进行对比发现：薄壁型巨龙竹与厚壁型巨龙竹秆材的平均吸水率分别为 62.68% 和 64.25，二者相差 1.57%；其中，二者根部、中部和梢部平均吸水率分别相差 1.70%、2.11% 和 4.31%。此外，在竹材纵向方向，薄壁型巨龙竹与厚壁型巨龙竹两种竹材的吸水率均随高度增加而递减。巨龙竹秆材吸水率的变化与竹材不同部位的密度分布有关。随着竹秆的增高，两种竹材的维管束密度增加，竹材密度增大，必然导致其吸水率降低。

2.2.2　干缩性

竹材的尺寸和体积随含水率的变化而变化称为竹材的干缩性。竹材发生收缩的原因为在干燥过程中，维管束中导管的水损失，使整个竹材收缩。竹材为各向异性的材料，其弦向(宽度)、径向(厚度)、纵向(长度)及体积都有一定收缩率，但是纵向收缩率最小，一般仅为 0.1%~0.3%，而其他几种收缩率较大，变化也大(辉朝茂和杨宁明，1998)。因此，本书中不对竹材的纵向干缩率进行测定。

薄壁型与厚壁型巨龙竹干缩性测定结果见表 2-3。由测定结果可以看出，各参比竹种弦向干缩率由高到低为油簕竹、云南甜竹、黄竹、薄壁型巨龙竹、厚壁型巨龙竹和毛竹；体积干缩率由高到低为厚壁型巨龙竹、薄壁型巨龙竹、油簕竹、云南甜竹、黄竹和毛竹。薄壁型与厚壁型巨龙竹线向干缩率变化居中，但是体积干缩率的变化较大，竹材稳定性不如云南甜竹及毛竹。

表 2-3　薄壁型和厚壁型巨龙竹及其他参比竹种干缩率

Tab. 2-3　The shrinkage of thick-walled and thin-walled types of

Dendrocalamus sinicus and other compared fibrous material

竹种	部位	气干含水率/%	干缩率/%					
			气干干缩率			全干干缩率		
			径向	弦向	体积	径向	弦向	体积
薄壁型巨龙竹	根部	12.09	5.433	3.365	5.972	7.967	5.367	16.128
	中部	11.26	4.570	2.133	15.710	6.540	5.862	17.950
	梢部	11.68	1.757	1.297	10.268	4.053	5.450	15.458
	均值	11.67	3.920	2.265	10.650	6.187	5.560	16.512
厚壁型巨龙竹	根部	12.80	4.391	3.133	18.337	5.801	6.403	28.755
	中部	11.29	3.288	2.027	14.088	3.778	5.327	24.656
	梢部	10.89	2.321	1.530	10.991	4.911	5.370	18.209
	均值	11.66	3.333	2.230	14.472	4.830	5.70	23.873

竹种	部位	气干含水率/%	干缩率/%					
			气干干缩率			全干干缩率		
			径向	弦向	体积	径向	弦向	体积
云南甜竹	根部	—	6.538	4.395	11.300	7.846	5.449	14.012
	中部	—	5.404	4.238	9.909	6.538	5.263	12.188
	梢部	—	3.157	3.368	7.800	3.978	4.210	9.360
	均值	—	5.153	4.000	9.670	6.121	4.974	11.853
油簕竹	根部	—	7.740	6.022	13.393	9.244	8.022	16.663
	中部	—	6.268	5.740	11.835	8.499	7.509	15.740
	梢部	—	5.645	5.497	10.946	7.768	7.490	14.816
	均值	—	6.551	5.753	12.058	8.504	7.674	15.740
毛竹	根部	9.10	2.200	3.200	3.900	4.700	5.600	8.100
	中部	9.70	2.300	2.800	3.400	4.400	5.400	8.200
	梢部	10.00	2.300	2.600	3.900	5.100	5.200	9.800
	均值	9.60	2.267	2.867	3.733	4.733	5.400	8.700
黄竹	根部	9.50	4.286	4.179	8.319	6.197	5.984	11.904
	中部	9.80	4.461	4.204	8.573	6.654	6.013	12.411
	梢部	9.70	3.767	4.173	7.854	5.263	6.094	11.164
	均值	9.66	4.171	4.185	8.249	6.038	6.030	11.826

注：表中的慈竹、芦苇、稻草、马尾松、桉树的数据引自《植物纤维化学》(杨淑惠，2005)，云南甜竹的数据引自《云南甜竹材性分析及开发利用价值初步评价》(史正军等，2009a)。

　　从纵向分布来看，薄壁型和厚壁型巨龙竹的线向干缩率都随着竹秆高度的增加而减少，例如，薄壁型巨龙竹的径向气干干缩率从根部到梢部为：5.433%、4.570%和1.757%；厚壁型巨龙竹的径向气干干缩率从根部到梢部为：4.391%、3.288%和2.321%；体积干缩率也基本具有同样的变化趋势。由此可以看出，随着竹秆高度的增加，薄壁型和厚壁型巨龙竹竹材稳定性增加，究其原因可能与巨龙竹梢部的维管束密度较大，硅质细胞增多而薄壁细胞减少有关。

　　从薄壁型和厚壁型巨龙竹干缩率变化来看，无论是气干还是全干状态，巨龙竹的弦向干缩率均小于径向干缩率，云南甜竹和油簕竹具有这一规律。张宏健等(1998)在对云南4种丛生竹进行干缩性测试时，发现了相同的变化规律；而林金国等(2004)对方竹的干缩性测试结果与此相异。

　　竹材的干缩性越大，在加工过程中发生裂纹和翘曲的情况就越严重。在生产过程中，可以根据干缩率的差异适当调整干燥工艺参数或把竹材加工成复合板以此来避免这一情况的产生。

2.2.3 密度

密度，又称容积重，与竹材的力学强度、干缩性等性能有着紧密联系，可以用来计算竹材的质量，判断竹材的工业、力学性质，是竹材重要的物理性质之一。根据竹材含水率的大小，密度可分为气干密度、全干密度和基本密度，3 种密度中，通常用基本密度作为竹种间和不同部位间比较的指标。薄壁型和厚壁型巨龙竹密度的测定结果见表 2-4。由表 2-4 可知，薄壁型巨龙竹的基本密度、气干密度和全干密度分别为 $0.628g/cm^3$、$0.756g/cm^3$、$0.711g/cm^3$；厚壁型巨龙竹的基本密度、气干密度和全干密度分别为 $0.680g/cm^3$、$1.000g/cm^3$、$1.180g/cm^3$。比较其他参比竹种的基本密度后可以看出：厚壁型巨龙竹略高于薄壁型巨龙竹，两者差异较小，同时，明显高于云南甜竹及油簕竹的基本密度。

表 2-4   薄壁型和厚壁型巨龙竹及其他参比竹种密度

Tab. 2-4   The density of thick-walled and thin-walled types of *Dendrocalamus sinicus* and other compared fibrous material

竹种	部位	气干含水率/%	基本密度/(g/cm³)	气干密度/(g/cm³)	全干密度/(g/cm³)
薄壁型 巨龙竹	根部	12.09	0.480	0.580	0.575
	中部	11.26	0.645	0.734	0.720
	梢部	11.68	0.761	0.956	0.838
	均值	11.67	0.628	0.756	0.711
厚壁型 巨龙竹	根部	12.80	0.510	0.650	0.680
	中部	11.29	0.670	0.980	1.140
	梢部	10.89	0.870	1.370	1.720
	均值	11.66	0.680	1.000	1.180
云南 甜竹	根部	—	0.465	0.596	0.586
	中部	—	0.558	0.749	0.720
	梢部	—	0.630	0.830	0.762
	均值	—	0.551	0.725	0.689
油簕竹	根部	—	0.541	0.782	0.737
	中部	—	0.593	0.747	0.704
	梢部	—	0.627	0.695	0.649
	均值	—	0.587	0.741	0.697

续表

竹种	部位	气干含水率/%	基本密度/(g/cm³)	气干密度/(g/cm³)	全干密度/(g/cm³)
毛竹	根部	9.10	0.739	0.824	0.824
	中部	9.70	0.758	0.835	0.817
	梢部	10.00	0.772	0.889	0.851
	均值	9.60	0.756	0.849	0.831
黄竹	根部	9.50	0.859	1.034	0.967
	中部	9.80	0.808	0.985	0.922
	梢部	9.70	0.825	0.995	0.937
	均值	9.66	0.831	1.005	0.942

注：表中的油簕竹、毛竹、黄竹的数据引自《竹类培育与利用》（辉朝茂等，1996）；云南甜竹的数据引自《云南甜竹材性分析及开发利用价值初步评价》（史正军等，2009a）

　　从竹秆纵向分布来看，随竹秆纵向高度的增加，薄壁型和厚壁型巨龙竹的密度也在不断变化，基本变化规律表现为梢部>中部>根部，即自竹秆根部至梢部，各密度值不断增大，例如，薄壁型巨龙竹的基本密度自根部至梢部分别为0.480g/cm³、0.645g/cm³、0.761g/cm³；厚壁型巨龙竹基本密度变化为：0.510g/cm³、0.670g/cm³、0.870g/cm³。这一变化产生的原因可能与竹材维管束密度的变化有关，随着竹秆的增高，维管束的密度增大，竹材的密度随之增大(图 2-3)。

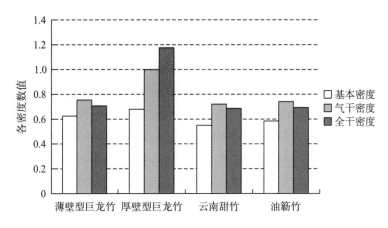

图 2-3　薄壁型和厚壁型巨龙竹与参比竹种密度

Fig. 2-3　The density of thin-walled and thick-walled types of *Dendrocalamus sinicus* and other compared fibrous material

　　竹材的密度与地理条件、年龄等有关，同种竹材，竹壁厚度不同，密度也不相同。竹秆高度的变化也会引起密度的变化。本次测量结果显示，薄壁型与厚壁型巨龙竹的密度都随着纵向高度的增加而增大；基本密度、气干密度及全干密度保持同一变化趋势。密度的大小直接影响竹材的力学性质，与相关制品的抗磨性、硬度及发热值等均有密切关系。了解薄壁型和厚壁型巨龙竹各部位的密度情况，有助于巨龙竹的合理开发利用。

2.2.4 湿胀性

将干燥的竹材放置于潮湿的空气中，竹表面借分子间力和氢键吸收空气中的水蒸气分子，形成吸附水，因此，暴露在空气中的干燥竹材具有一定的湿胀性和吸湿性。竹材由纤维细胞、导管和薄壁组织等多种细胞组成，具有较高的孔隙率、巨大的内表面和大量的亲水性基团，因此，竹材具有一定的湿胀性。

由表 2-5 可知，以云南甜竹为参照，厚壁型巨龙竹的气干体积湿胀率及吸水饱和体积湿胀率分别为 12.39%和 21.04%，明显高于云南甜竹的 9.21%和 19.26%；同时显著高于薄壁型巨龙竹的 9.01%和 14.67%。三者在湿胀率方面的关系为：厚壁型巨龙竹>云南甜竹>薄壁型巨龙竹。

表 2-5　薄壁型和厚壁型巨龙竹及云南甜竹湿胀性

Tab.2-5　The swelling properties of thin-walled and thick-walled types of

Dendrocalamus sinicus and *Dendrocalamus brandisii*

部位	厚壁型巨龙竹		薄壁型巨龙竹		云南甜竹	
	气干体积湿胀率/%	吸水饱和体积湿胀率/%	气干体积湿胀率/%	吸水饱和体积湿胀率/%	气干体积湿胀率/%	吸水饱和体积湿胀率/%
根部	16.67	28.33	12.50	18.75	10.52	20.25
中部	11.25	21.88	9.17	16.33	9.75	19.87
梢部	9.26	12.91	5.36	8.93	7.35	17.68
均值	12.39	21.04	9.01	14.67	9.21	19.26

注：云南甜竹的数据引自《云南甜竹材性分析及开发利用价值初步评价》(史正军等，2009a)

从竹秆的纵向分布方面来看，薄壁型和厚壁型巨龙竹随着竹秆高度的增加湿胀性减小，这与竹材密度的变化规律相反。张春霞(1998)研究后亦发现竹材湿胀率随基本密度增大而降低，这与本次实验结论相符。同时，竹材的湿胀性与综纤维素的含量也有一定关系，一般而言，竹材的综纤维素越高，湿胀性越大。

湿胀性对竹材形状和体积的稳定性有重要影响。在使用过程中，竹材水分的变化容易引起翘曲、变形、开裂甚至损坏，因此，在加工利用竹材时，必须注意竹材的湿胀性变化，尽可能在干燥的环境中使用竹材，减少其受损可能。

2.2.5 纤维饱和点

纤维饱和点指的是竹材仅细胞壁中的吸附水达饱和，而细胞间隙和细胞腔中没有自由水存在时的含水率。这一指标是竹材物理力学性质是否随含水率的变化而发生变化的转折点。通常情况下，当竹材的含水量大于纤维饱和点时，除了表示吸附水达到饱和状态，竹材中还有一定的自由水。此时，竹材外部环境改变时，只是自由水改变，故不会引起湿胀干缩。但是当竹材的含水率小于纤维饱和点时，如果外在环境变化，就会引起竹材的湿胀干缩，对竹材的力学强度和体积有一定影响。

表 2-6 为薄壁型和厚壁型巨龙竹纤维饱和点的测定结果。由表 2-6 可知，各参比竹种纤维饱和点由大到小为：厚壁型巨龙竹、油簕竹、龙竹、薄壁型巨龙竹、云南甜竹及黄竹。薄壁型和厚壁型巨龙竹的纤维饱和点分别为：25.32%和 31.08%；厚壁型巨龙竹各部位的纤维饱和点明显高于薄壁型巨龙竹，尤其是梢部差异更加明显。

表 2-6 薄壁型和厚壁型巨龙竹及其他参比竹种纤维饱和点

Tab. 2-6 The fiber saturation point of thick-walled and thin-walled types of *Dendrocalamus sinicus* and other compared fibrous material

指标	竹段部位	薄壁型	厚壁型	云南甜竹	龙竹	油簕竹	黄竹
含水率/%	根部	36.02	39.58	30.13	34.20	30.80	14.43
	中部	23.51	33.48	21.84	23.70	26.54	15.36
	梢部	16.43	20.20	14.86	21.45	23.63	13.00
	均值	25.32	31.08	22.28	25.91	26.81	14.23

注：表中黄竹、龙竹、油簕竹数据引自《材用竹资源工业化利用》（辉朝茂和杨宇明，1998）；云南甜竹的数据引自《云南甜竹材性分析及开发利用价值初步评价》（史正军等，2009a）。

从纵向分布来看，薄壁型和厚壁型巨龙竹随着竹秆位置的增高，竹材纤维饱和点不断减小。这一结果与竹材的吸水率、湿胀率及干缩率的结论相符，与竹材密度的变化趋势相反，即竹材的密度越大，其纤维饱和点就越低，外界湿度的变化对其影响就越小。据报道，世界上大部分木材的纤维饱和点平均值约为 30%，变异的范围在 23%~33%。可见，薄壁型和厚壁型巨龙竹的纤维饱和点含水率与木材相似。

2.2.6　顺纹抗压强度

在实际的应用中，竹材受压荷载的应用十分广泛。抗压强度是力学性质中的重要指标。抗压强度分为顺纹抗压强度和横纹抗压强度，因为顺纹抗压强度变化较小，比较容易测定，故在研究竹材的力学强度时常采用这一指标。

薄壁型和厚壁型巨龙竹的顺纹抗压强度见表 2-7。由表 2-7 可知，薄壁型和厚壁型巨龙竹顺纹抗压强度分别为 59.28MPa 和 53.65MPa。鲍甫成等（1998）对人工林树种木材性质研究结果表明，天然生长的杉木、云南松、马尾松、湿地松、火炬松几种木材的顺纹抗压强度分别为 37.4MPa、62.0MPa、50.0MPa、42.5MPa、44.5MPa，除云南松外，其他木材的顺纹抗压强度都低于薄壁型和厚壁型巨龙竹。因此，与多数木材相比，薄壁型和厚壁型巨龙竹顺纹抗压强度较高，是一种比较好的木材替代材料，在板材开发和建筑领域可以加以推广。

表 2-7　薄壁型和厚壁型巨龙竹及其他参比竹种力学性质

Tab. 2-7 The mechanical properties of thick-walled and thin-walled types of

Dendrocalamus sinicus and other compared fibrous material

竹种	部位	顺纹抗压强度/MPa	抗弯强度/MPa	抗弯弹性模量/MPa
薄壁型巨龙竹	根部	35.62	75.66	2 666
	中部	68.12	154.38	9 181
	梢部	74.09	170.58	11 565
	均值	59.28	133.54	7 804
厚壁型巨龙竹	根部	37.41	88.47	3 310
	中部	51.20	153.46	8 745
	梢部	72.35	169.14	11 971
	均值	53.65	137.02	8 009
云南甜竹	根部	56.68	117.53	8 853
	中部	58.51	147.35	12 531
	梢部	71.05	170.30	13 673
	均值	62.08	145.06	11 686
油篾竹	根部	146.88	181.17	—
	中部	122.64	190.44	—
	梢部	>126.54	225.78	—
	均值	>132.02	199.10	—
龙竹	根部	99.11	152.23	—
	中部	95.82	166.08	—
	梢部	>100.67	178.42	—
	均值	>98.53	165.57	—

续表

黄竹	根部	133.13	175.16	—
	中部	146.44	147.56	—
	梢部	123.06	111.38	—
	均值	134.23	144.70	—

注：表中黄竹、油箽竹、龙竹数据引自《材用竹资源工业化利用》(辉朝茂和杨宇明，1998)。云南甜竹的数据引自《云南甜竹材性分析及开发利用价值初步评价》(史正军等，2009a)。

从纵向分布来看，薄壁型和厚壁型巨龙竹随着竹秆高度的增加顺纹抗压强度逐渐增大。以厚壁型巨龙竹为例，自竹秆根部至梢部，顺纹抗压强度分别为37.41MPa、51.20MPa、72.35MPa。究其原因，可能与薄壁型、厚壁型巨龙竹的维管束密度变化有关，随着竹秆高度的增加维管束的密度不断增大，顺纹抗压强度也不断增大。

2.2.7　抗弯强度

根据国家标准 GB/T15780—1995 的规定进行实验，以简支梁支撑的方法，在竹样中央本长度，均匀施加集中荷载对试样进行破坏，从而获得竹材的弯曲强度，抗弯强度一般只弦向实验。

由表 2-7 可知，薄壁型和厚壁型巨龙竹抗弯强度分别为 133.54MPa 和137.02MPa，两者差异不大。与其他参比竹材相比，薄壁型与厚壁型巨龙竹的抗弯明显低于油箽竹和龙竹，略低于黄竹和云南甜竹。参考鲍甫成等(1998)的研究发现，杉木、云南松、马尾松、湿地松、火炬松几种成熟木材的抗弯强度分别为69.5MPa、121.7MPa、98.4MPa、86.3MPa、98.9MPa，都低于薄壁型和厚壁型巨龙竹的抗弯强度，再一次证明了薄壁型和厚壁型巨龙竹作为木材替代竹种具有良好的力学性质(图 2-4)。

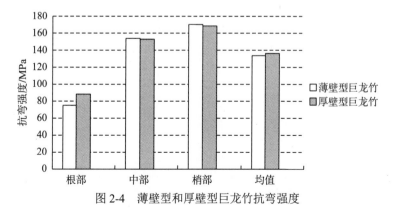

图 2-4　薄壁型和厚壁型巨龙竹抗弯强度

Fig. 2-4　The flexural strength of thick-walled and thin-walled

types of *Dendrocalamus sinicus*

从纵向分布来看，薄壁型与厚壁型巨龙竹随着竹秆高度的增加抗弯强度逐渐增大，这与顺纹抗压强度的变化规律一致。虽然二者之间没有直接联系，但二者的变化都与密度有关，所以显示出相同的变化规律。

2.2.8　抗弯弹性模量

抗弯弹性模量是指试样在受到外力发生弯曲时，在竹材的弹性范围内，抵抗外力改变自身形状或体积的能力，由荷载与变形的关系来确定其值的大小。薄壁型和厚壁型巨龙竹的抗弯弹性模量测定结果见表2-7。

由表 2-7 可知，薄壁型和厚壁型巨龙竹的抗弯弹性模量分别为 7804MPa、8009MPa。从纵向分布来看，薄壁型和厚壁型巨龙竹的抗弯弹性模量随着竹秆位置的增高而加大，在梢部达到最大值。

综上所述，薄壁型和厚壁型巨龙竹的抗弯弹性模量与抗弯强度变化趋势一致，与竹秆位置、竹材密度都有密切关系。

2.2.9　物理力学性质统计分析

薄壁型和厚壁型巨龙竹的物理力学性质统计分析结果见表2-8。

表 2-8　薄壁型和厚壁型巨龙竹物理力学性质统计分析结果

Tab. 2-8　The statistical analysis of mechanical properties of thick-walled and thin-walled types of *Dendrocalamus sinicus*

项目	测定指标	薄壁型		厚壁型		T	P
		N	Mean±SD	N	Mean±SD		
物理性质	气干体积干缩率/%	12	11.07±9.76	12	20.58±10.84	−2.26	0.0341*
	全干体积干缩率/%	12	28.14±10.49	12	36.35±14.41	−1.60	0.1247
	基本密度/(g/cm³)	12	0.67±0.15	12	0.69±0.17	−0.25	0.8079
	气干密度/(g/cm³)	12	0.86±0.24	12	1.00±0.33	1.21	0.2403
	全干密度/(g/cm³)	12	0.97±0.3.0	12	1.18±0.54	−1.19	0.2486
	气干体积湿胀率/%	12	24.90±13.26	12	29.16±28.4	−0.47	0.6428
	吸水率/%	12	66.01±24.00	12	64.25±17.11	0.21	0.8377
	纤维饱和点/%	12	41.99±12.46	12	52.42±14.9	−1.86	0.0762
力学性质	顺纹抗压强度/MPa	12	74.1±25.44	12	67.07±27.32	0.65	0.5208
	抗弯强度/MPa	15	133.54±45.63	15	132.22±34.97	0.09	0.9300
	抗弯弹性模量/MPa	15	7804.46±4627.79	15	9182.58±7986.95	−0.58	0.5680

注：* 差异有统计学意义

在物理性质方面，薄壁型和厚壁型巨龙竹仅在气干体积干缩率的差异上具有统计学意义，其中薄壁型巨龙竹的气干体积干缩率为 11.07%±9.76%，低于厚壁型巨龙竹的 20.58%±10.84%。两者在其他物理性质上的差异均不明显，均无统计学意义。

在力学性质方面，薄壁型和厚壁型巨龙竹的差异均无统计学意义。

2.3　本章小结

(1) 吸水性：薄壁型和厚壁型巨龙竹吸水率均值分别为 62.68% 和 64.25%，二者相差 1.57%。将薄壁型与厚壁型巨龙竹的吸水率进行纵向对比发现：随着竹秆高度的增加吸水率有所减少。

(2) 干缩率：薄壁型巨龙竹在气干状态下径向、弦向干缩率分别为 3.920%、2.265%；在全干状态下径向、弦向干缩率分别为 6.187%、5.560%。厚壁型巨龙竹在气干状态下径向、弦向干缩率分别为 3.333%、2.230%；在全干状态下径向、弦向干缩率分别为 4.830%、5.700%。薄壁型和厚壁型巨龙竹线向干缩率低于油簕竹和云南甜竹，高于龙竹和毛竹。

(3) 密度：薄壁型巨龙竹的基本密度为 $0.628g/cm^3$、气干密度为 $0.756g/cm^3$、全干密度为 $0.711g/cm^3$；厚壁型巨龙竹的基本密度为 $0.680g/cm^3$、气干密度为 $1.000g/cm^3$、全干密度为 $1.180g/cm^3$。厚壁型巨龙竹基本密度略高于薄壁型巨龙竹。从竹秆纵向分布来看，自竹秆根部至梢部，各密度值不断增大，两者具有相同的变化规律。

(4) 湿胀性：厚壁型巨龙竹的气干体积湿胀率及吸水饱和体积湿胀率分别为 12.39% 和 21.04%，明显高于云南甜竹；同时显著高于薄壁型巨龙竹的 9.01% 和 14.67%。从竹秆的纵向分布方面来看，薄壁型和厚壁型巨龙竹随着竹秆高度的增加湿胀性率不断减小。

(5) 纤维饱和点：薄壁型和厚壁型巨龙竹的纤维饱和点分别为 25.32% 和 31.08%；厚壁型巨龙竹各部位的纤维饱和点明显高于薄壁型巨龙竹。从纵向分布来看，薄壁型和厚壁型巨龙竹随着竹秆位置的增高，竹材纤维饱和点不断减小。

(6) 顺纹抗压强度：薄壁型和厚壁型巨龙竹顺纹抗压强度分别为 59.28MPa 和 53.65MPa，两者差异不明显。从纵向分布来看，薄壁型和厚壁型巨龙竹随着竹秆高度的增加顺纹抗压强度逐渐增大。

(7) 抗弯强度：薄壁型和厚壁型巨龙竹抗弯强度分别为 133.54MPa 和 137.02MPa，两者差异不大。从纵向分布来看，薄壁型与厚壁型巨龙竹随着竹秆高度的增加抗弯强度逐渐增大。与其他参比竹材相比，薄壁型与厚壁型巨龙竹的抗弯明显低于油簕竹和龙竹，略低于黄竹和云南甜竹。

(8)抗弯弹性模量：薄壁型和厚壁型巨龙竹的抗弯弹性模量分别为7804MPa、8009MPa。从纵向分布来看，薄壁型和厚壁型巨龙竹的抗弯弹性模量随着竹秆位置的增高而加大，在梢部达到最大值。

竹材的很多用途都是由其物理力学性质所决定的。薄壁型和厚壁型巨龙竹在物理性质上有一定差异，尤其在气干体积干缩率上差异显著；在力学性质上，两者差异不显著。薄壁型和厚壁型巨龙竹的密度高于一般木材，各项力学性质在竹材中处于中等水平，高于常见木材。

第3章 云南甜竹物理力学性质

我国竹类资源丰富，竹种资源和竹林面积居世界之冠，可惜的是，真正产业化开发的不过 20 余种，多样化利用程度较低，对材用林来说，目前仍然仅局限于毛竹等少数种，而对大多数产量高、材性优良的竹种，尤其是丛生竹种，研究开发非常滞后。长期以来，对以毛竹为主的少数竹种资源的过度依赖，在一定程度上阻碍了我国竹产业的平衡稳定发展(丁雨龙，2002)。

云南甜竹［(*Dendrocalamus brandisii* (Munro) Kurz)］是禾本科(Gramineae)竹亚科(Bambusoideae)、牡竹属(*Dendrocalamus*)的一种优良大型经济用材竹种(辉朝茂，2002)。这种竹子秆材高大，容易种植，单株产量高，主要分布在中国西南，缅甸、越南等东南亚地区。长期以来，这种竹子在当地人民日常生活发挥着重要的作用，一直被广泛地应用于家具制造、竹浆生产、竹质人造板生产等工业领域(史正军等，2009b)。由于其具有容易栽培、生长速度快、产量高等优良特点，这种竹子被认为是一种极具开发利用价值的大型工业用丛生竹种。

3.1 材料与方法

3.1.1 实验用原竹采集

实验用云南甜竹(图 3-1)采自云南保山市昌宁县，该地地处滇西，河流众多，分属澜沧江和怒江两大水系，属亚热带季风区，干湿分明，年均气温 15℃，年均降水量 1259mm，是云南甜竹分布最为集中和丰富的地区之一。

在采集云南甜竹时，选取有代表性、生长良好、无缺陷的 3～5 年生竹株 15 株，齐地伐倒，按用材习惯去梢和侧枝后，然后将竹秆按根部、中部、梢部 3 等分，每部分自下向上截取约 1.5m 长的竹段，编号标记，作为从秆基到秆梢不同部位的测试材料，带回实验室备用。

图 3-1　云南甜竹

Fig. 3-1　*Dendrocalamus brandisii*（Munro）Kurz

3.1.2　物理力学性能测试

云南甜竹物理力学性能测定方法与第 2 章 2.1 节所述相同。

3.2　结果与讨论

3.2.1　含水率

　　水分既是竹子生长必不可少的物质，又是竹子输送各种物质的载体，活竹被伐倒并锯成各种规格的竹材后，大部分的水分仍然保留在其内部，这就是竹材中水分的主要来源，同时竹材在贮存、运输或使用环境中也会吸收一些水分进入其内部。

　　按在竹材中存在方式和存在部位的不同，可将竹材中的水分分为自由水、吸附水、化合水 3 种。自由水存在于由竹材细胞壁上的纹孔或导管末端的穿孔和细胞腔及胞间隙相互沟通构成的大毛细管系统中，自由水与竹材呈物理结合，结合并不紧密，这部分水容易从竹材中逸出，也容易吸入；吸附水存在于竹材细胞壁内的微纤丝、大纤丝之间构成的微毛细管系统内或吸附在微晶表面和无定型区域内纤维素分子的游离羟基上，这部分水与竹材物质结合较为紧密，不易从竹材中逸出，只有当竹材中自由水蒸发殆尽，且竹材中的水蒸气分压大于周围空气中水蒸气分压时，方可由竹材中蒸发；化合水与细胞壁组成物质呈牢固的化学结合状态，竹材中这部分水的含量很少，可以忽略不计，而且在一般的干燥条件下无法将其除去。

云南甜竹含水率测定结果见表 3-1。

表 3-1　云南甜竹及其他参比竹种含水率
Tab. 3-1　The water content of Dendrocalamus brandisii and other bamboo species

指　标	竹段部位	云南甜竹	龙竹	油簕竹	黄竹	巨龙竹
含水率/%	根部	97.51	139.26	100.11	43.58	114.77
	中部	81.23	93.55	85.45	46.53	63.94
	梢部	76.83	83.66	74.00	40.41	51.31
	均值	85.19	105.49	86.52	43.51	76.67

注：表中龙竹、油簕竹、黄竹、巨龙竹数据引自《材用竹资源工业化利用》（辉朝茂和杨宇明，1998）。

从表 3-1 可以看出，云南甜竹的饱和含水率平均为 85.19%，与参比竹种龙竹、油簕竹、黄竹和巨龙竹的含水率差异很大，这表明云南甜竹容纳水分的能力不如油簕竹和龙竹，但比黄竹和巨龙竹强。

在云南甜竹秆材的不同部位，含水率不一致，从根部到梢部，含水率表现出明显的递减规律。究其原因，可能是由于从根部到梢部，云南甜竹的维管束密度不断增加，薄壁细胞的比例逐渐减少，由细胞腔、细胞间隙等构成的容纳水分的毛细管系统越来越不发达所造成的（张宏健等，1999）。

3.2.2　干缩性

新鲜的竹材置于空气中，水分不断蒸发，由于失去水分而引起线向和体积的收缩，称为竹材的干缩性。竹材从湿材到气干或全干时的尺寸、体积的差值与湿材时的尺寸、体积之比称为竹材气干或全干时的线向干缩率和体积干缩率。竹材为各向异性的材料，其弦向（宽度）、径向（厚度）、纵向（长度）以及体积都有一定收缩率，但纵向收缩率最小，一般仅为 0.1%～0.3%，而其他几种收缩率较大，变化也大（辉朝茂和杨宇明，1998）。因此，本书中不对竹材的纵向干缩率进行测定。

云南甜竹干缩率测定结果见表 3-2。从表 3-2 可以看出，云南甜竹气干体积收缩率为 9.670%，小于参比竹材巨龙竹、油簕竹和龙竹；云南甜竹全干体积干缩率为 11.853%，同样小于参比竹材巨龙竹、油簕竹和龙竹。可见，云南甜竹的体积稳定性比一般大型材用竹要好。

表 3-2　云南甜竹及参比竹种干缩率

Tab.3-2　The shrinkage of *Dendrocalamus brandisii* and other compared bamboo species

测试项目	部位	云南甜竹	龙竹	油簕竹	黄竹	巨龙竹
弦向干缩率/%						
气干	根部	4.395	5.822	6.022	4.179	5.481
	中部	4.238	4.829	5.740	4.204	5.133
	梢部	3.368	4.612	5.497	4.173	4.887
	均值	4.000	5.088	5.753	4.185	5.167
全干	根部	5.449	7.762	8.022	5.984	7.346
	中部	5.263	6.527	7.509	6.013	7.113
	梢部	4.210	6.280	7.490	6.094	6.742
	均值	4.974	6.856	7.674	6.030	7.067
径向干缩率/%						
气干	根部	6.538	5.988	7.740	4.286	5.988
	中部	5.404	4.944	6.268	4.461	4.513
	梢部	3.157	4.396	5.645	3.767	4.017
	均值	5.033	5.109	6.551	4.171	4.839
全干	根部	7.846	7.592	9.244	6.197	7.756
	中部	6.538	6.681	8.499	6.654	6.639
	梢部	3.978	6.323	7.768	5.263	6.483
	均值	6.121	6.868	8.504	6.038	6.959
体积干缩率/%						
气干	根部	11.300	11.536	13.393	8.319	11.211
	中部	9.909	9.617	11.835	8.573	9.538
	梢部	7.800	8.901	10.946	7.854	8.826
	均值	9.670	10.018	12.058	8.249	9.858
全干	根部	14.012	14.887	16.663	11.904	14.620
	中部	12.188	12.892	15.740	12.411	13.448
	梢部	9.360	12.332	14.816	11.164	12.900
	均值	11.853	13.370	15.740	11.826	13.656

注：表中黄竹、巨龙竹、油簕竹、龙竹的数据引自《材用竹资源工业化利用》（辉朝茂和杨宇明，1998）。

　　在竹秆纵向方向上，云南甜竹的体积干缩率、弦向干缩率和径向干缩率都随着竹秆高度增加而减小，即其体积稳定性随着秆高的增加而增加，其主要原因是云南甜竹竹梢部分维管束密度高，导管腔小、壁厚的结构特点所造成的。

　　对于竹材径向和弦向干缩性的差异，有的专家分析认为：大部分竹材弦向干缩率大于径向干缩率（张齐生，1995）。而本实验的测定结果却有所不同，云南甜竹弦向气干干缩率和全干干缩率测定结果分别为 4.000% 和 4.974%，小于其径向气干干缩率（5.153%）和全干干缩率（6.121%），这一结果和西南林学院张宏健等（1998）对云南 4 种丛生竹的干缩性测试结果是一致的。但总的来说，同大多数木材相比，竹材弦向与径向干缩率差异较小，木材弦向干缩率为径向干缩率的 2 倍之多(尹思慈，2001)，原因应该是，木材当中的木射线等横向组织抑制了其径向干缩，竹材没有径向射线而不能产生抑制作用(苏文会，2005)。

由于竹材的异质结构，不同部位、不同方向收缩性的差异及在干燥过程中含水率的梯度变化，造成竹材在失水干缩时开裂、翘曲和变形，这些特点会对其应用产生不利的影响。在生产实践中，人们通过适宜的干燥工艺条件及将竹材制成竹木复合板等方式可避免这一固有缺陷。

3.2.3　密度

密度，是竹材的一项重要物理性质，具有重要的实用意义，可以根据它来估计竹材的质量，判断竹材的工业性质和强度、硬度、干缩性及湿胀性等物理力学性质。根据密度测定时竹材含水率的大小，可将密度分为基本密度、气干密度和全干密度三种。三种密度中，以基本密度和气干密度最为常用。竹材的密度与其力学性质有着十分密切的关系，其大小因竹种、竹龄、立地条件和竹秆部位不同而有差异(张齐生，1995)。

表 3-3 是云南甜竹及参比竹材巨龙竹、龙竹、油簕竹、黄竹的密度对比。从表 3-3 可知，云南甜竹的气干密度(含水率 12%)、全干密度、基本密度分别为 0.725g/cm^3、0.689g/cm^3、0.551g/cm^3，比龙竹高，低于巨龙竹、油簕竹、黄竹。与木材相比，云南甜竹的全干密度是杉木(0.359g/cm^3)的 2.1 倍、马尾松(0.521g/cm^3)的 1.5 倍、云南松(0.615g/cm^3)的 1.2 倍(鲍甫成等，1998)、马占相思(0.533g/cm^3)的 1.4 倍。对比分析表明，云南甜竹的密度比常用木材的密度高(图 3-2～图 3-4)。

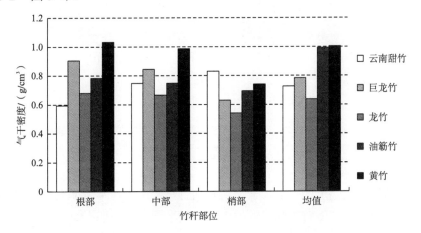

图 3-2　云南甜竹与其他竹种气干密度比较

Fig. 3-2　The comparison of air-dry density in *Dendrocalamus brandisii* and other compared bamboo species

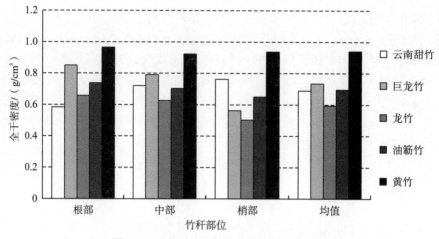

图 3-3   云南甜竹与其他竹种全干密度比较

Fig. 3-3   The comparison of oven-dry density in *Dendrocalamus*

brandisii and other compared bamboo species

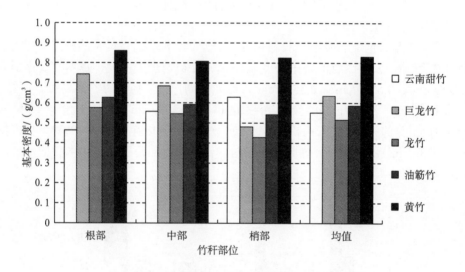

图 3-4   云南甜竹与其他竹种基本密度比较

Fig. 3-4   The comparison of basic density of *Dendrocalamus*

brandisii and other compared bamboo species

随着竹秆纵向高度的增加，云南甜竹的竹材密度也在不断增大，引起这一现象的主要原因在于：随竹秆高度的增大，竹材维管束密度亦不断增大，导管口径逐渐减小，故密度增大。

表 3-3　云南甜竹及参比竹种的密度

Tab. 3-3　The density of *Dendrocalamus brandisii* and other bamboo species

测试指标	竹段部位	竹　种				
		云南甜竹	巨龙竹	龙　竹	油簕竹	黄　竹
气干密度 /g/cm³	根部	0.596	0.906	0.679	0.782	1.034
	中部	0.749	0.844	0.667	0.747	0.985
	梢部	0.830	0.632	0.543	0.695	0.995
	均值	0.725	0.784	0.636	0.741	1.005
全干 密度 /g/cm³	根部	0.586	0.851	0.657	0.737	0.967
	中部	0.720	0.791	0.625	0.704	0.922
	梢部	0.762	0.564	0.505	0.649	0.937
	均值	0.689	0.735	0.596	0.697	0.942
基本 密度 /g/cm³	根部	0.465	0.742	0.575	0.541	0.859
	中部	0.558	0.685	0.544	0.593	0.808
	梢部	0.630	0.481	0.430	0.627	0.825
	均值	0.551	0.636	0.516	0.587	0.831

注：表中黄竹、巨龙竹、油簕竹、龙竹数据引自《竹类培育与利用》（辉朝茂等，1996）。

3.2.4　顺纹抗压强度

在生产生活中，竹材的受压荷载应用最为广泛，所以抗压强度是竹材力学性质中最重要的特征之一。抗压强度分为顺纹抗压强度和横纹抗压强度，因为顺纹抗压强度变化较小，容易测定，故在研究竹材的力学强度及相关因子时常采用此项指标。

云南甜竹的顺纹抗压强度见表 3-4、图 3-5。从表 3-4 可以看到，云南甜竹根部、中部、梢部的顺纹抗压强度分别为 56.68MPa、58.51MPa 和 71.05MPa，平均为 62.08MPa，低于参比竹种黄竹、巨龙竹、油簕竹、龙竹等丛生竹，但高于汪佑宏等（2008）对毛竹的顺纹抗压强度的测定结果（59.84MPa）。鲍甫成等（1998）对中国主要人工林树种木材性质研究结果表明，天然生长的杉木、云南松、马尾松、湿地松、火炬松几种木材的顺纹抗压强度分别为 37.4MPa、62.0MPa、50.0MPa、42.5MPa、44.5MPa，都比云南甜竹低。因此可以认为，云南甜竹的顺纹抗压强度较高，比木材优异，是一种非常好的木材替代材料，可作为作材用竹来加以培育推广。

在从根部到梢部的纵向方向上，云南甜竹的顺纹抗压强度逐渐增加，其中梢部最高，可达 71.05MPa。究其原因，主要在于云南甜竹梢部的维管束密度比中部和根部高，竹秆梢部密度高于中部和根部（杜凡和张宏健，1998）。

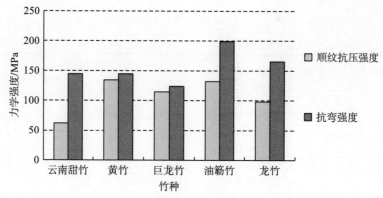

图 3-5　云南甜竹与其他竹材力学性质比较

Fig. 3-5　The comparison of mechanical properties of *Dendrocalamus brandisii*

and other compared bamboo species

表 3-4　云南甜竹及参比竹种力学性能(含水率 12%)

Tab.3-4　The mechanical properties of *Dendrocalamus*

brandisii and other compared bamboo species

竹　种	部位	顺纹抗压强度/MPa	抗弯强度/MPa	抗弯弹性模量/MPa
云南甜竹	根部	56.68	117.53	8 853
	中部	58.51	147.35	12 531
	梢部	71.05	170.30	13 673
	均值	62.08	145.06	11 686
黄竹	根部	133.13	175.16	—
	中部	146.44	147.56	—
	梢部	123.06	111.38	—
	均值	134.23	144.70	—
巨龙竹	根部	124.96	140.57	—
	中部	123.81	161.23	—
	梢部	94.26	70.68	—
	均值	114.34	124.16	—
油簕竹	根部	146.88	181.17	—
	中部	122.64	190.44	—
	梢部	>126.54	225.78	—
	均值	>132.02	199.10	—
龙竹	根部	99.11	152.23	—
	中部	95.82	166.08	—
	梢部	>100.67	178.42	—
	均值	>98.53	165.57	—

注：表中黄竹、巨龙竹、油簕竹、龙竹数据引自《材用竹资源工业化利用》(辉朝茂和杨宇明，1998)。

3.2.5　抗弯强度

竹材的抗弯强度可采用简支梁支撑、在试样长度中央匀速施加载荷直至破坏的方式求得。

从表 3-4 的测定数据可以看出，云南甜竹的抗弯强度从根部到梢部逐渐增大，根部、中部、梢部的抗弯强度分别为 117.53MPa、147.35MPa、170.30MPa，平均为 145.06MPa，与参比竹种黄竹基本近似，高于巨龙竹，低于油簕竹和龙竹。从中不难看出，云南甜竹的抗弯强度与其顺纹抗压强度之间并没有必然的联系，顺纹抗压强度较小的竹材，也可能具有较高的抗弯强度。

杉木、云南松、马尾松、湿地松、火炬松几种成熟木材的抗弯强度分别为 69.5MPa、121.7MPa、98.4MPa、86.3MPa、98.9MPa，都比云南甜竹低 (鲍甫成等，1998)，再次证明云南甜竹是一种力学性能优异的生物质材料。

3.2.6　抗弯弹性模量

抗弯弹性模量是指材料在受到外力发生弯曲时，在竹材的弹性范围内，抵抗外力改变其形状或体积的能力，由荷载与变形的关系来确定其值的大小。

表 3-4 的测试结果表明，云南甜竹的抗弯弹性模量竹梢部分最大，为 13 673MPa，根部最小，为 8 853MPa，中部介于前两者之间，为 12 531MPa，整竹平均抗弯弹性模量为 11 686MPa，与毛竹材的弹性模量 11 934MPa 非常接近 (汪佑宏等，2008)。

3.2.7　纤维饱和点

竹材干燥时，先蒸发自由水，当自由水蒸发完毕而吸附水尚处在饱和状态时称为纤维饱和点，这时所对应的含水率称为纤维饱和点含水率。含水率在纤维饱和点以上时，竹材的许多性质不受含水率增减的影响，含水率低到纤维饱和点以下时，细胞壁失水、干缩，竹材的材性才开始产生显著的变化，即纤维饱和点是竹材材性变化的转折点。

由表 3-5 可知，云南甜竹的纤维饱和点含水率随竹秆高度的增加而减小，其中根部为 30.13%，中部为 21.84%，梢部为 14.86%，平均为 22.28%，比参比竹种龙竹和油簕竹小，但高于参比竹种黄竹和巨龙竹。据报道，世界上大部分木材的纤维饱和点含水率的平均值约为 30%，其变异的范围在 23%～33%(孙正彬，2008)。可见，云南甜竹的纤维饱和点含水率略低于木材。

表 3-5　云南甜竹及其他参比竹种纤维饱和点

Tab. 3-5　The fiber saturation point of *Dendrocalamus brandisii* and other compared bamboo species

指　标	竹段部位	云南甜竹	龙竹	油簕竹	黄竹	巨龙竹
含水率/%	根部	30.13	34.62	30.80	14.43	30.40
	中部	21.84	23.70	26.54	15.36	19.69
	梢部	14.86	21.45	23.63	13.00	17.39
	均值	22.28	26.59	26.99	14.26	22.49

注：表中黄竹、龙竹、油簕竹、巨龙竹数据引自《材用竹资源工业化利用》(辉朝茂和杨宇明，1998)。

3.2.8　湿胀性

竹材由纤维细胞、导管和薄壁组织等多种细胞组成，属毛细管多孔有限膨胀胶体，具有较高的孔隙率、巨大的内表面和大量的亲水性基团。将干燥的木材置于潮湿的空气中时，微晶的表面借分子间力和氢键吸引空气中的水蒸气分子，形成吸附水，因此，暴露在空气中的干燥竹材具有一定的湿胀性和吸湿性(李坚，2006)。不同竹种间竹材湿胀性的差异主要由竹材化学成分的差异所致，一般说来，竹材综纤维素含量高，则湿胀性越大(周芳纯，1991)。

由表 3-6 中的测试数据可看到，云南甜竹从全干材到气干材(吸湿至与大气相对湿度平衡)和吸水饱和时，其体积湿胀率分别为 9.210% 和 19.269%，比参比竹种毛竹的相应湿胀率(5.305% 和 10.704%)要大，与大木竹的相应湿胀率(8.965% 和 18.686%)基本接近。

表 3-6　云南甜竹及参比竹种湿胀率

Tab. 3-6　The swelling properties of *Dendrocalamus brandisii* and other compared bamboo species

指标	部位	云南甜竹	大木竹	毛　竹
气干湿胀率/%	根部	10.521	8.098	6.500
	中部	9.754	10.051	5.251
	梢部	7.356	7.590	4.428
	均值	9.210	8.965	5.305
吸水饱和湿胀率/%	根部	20.253	19.300	10.897
	中部	19.871	19.074	10.949
	梢部	17.683	16.415	11.368
	均值	19.269	18.686	10.704

注：表中大木竹与毛竹湿胀性数据引自《关于大木竹的开发与利用评价》(苏文会，2005)。

　　湿胀性对竹材体积和形状的稳定性有重要影响，在使用环境中，特别是在户外条件下，竹材水分的变化容易引起翘曲、变形、开裂甚至严重损坏，因此，在竹材的加工利用过程中，必须对竹材的湿胀性加以重视，应尽可能在干燥的室内环境中使用竹材。

3.3　本　章　小　结

　　(1)含水率：云南甜竹的饱和含水率平均为 85.19%，容纳水分的能力不如油簕竹和龙竹，但比黄竹和巨龙竹强；从根部到梢部，云南甜竹含水率表现出明显的递减规律。

　　(2)干缩性：云南甜竹气干体积干缩率、全干体积干缩率为 9.670% 和 11.853%，小于参比竹材巨龙竹、油簕竹、龙竹；云南甜竹弦向气干干缩率和全干干缩率测定结果分别为 4.000% 和 4.974%，小于其径向气干干缩率(5.153%)和全干干缩率(6.121%)。

　　(3)密度：云南甜竹的气干密度(含水率 12%)、全干密度、基本密度分别为 0.725g/cm³、0.689g/cm³、0.551g/cm³，比龙竹高，低于巨龙竹、油簕竹、黄竹；与木材相比，云南甜竹的全干密度是杉木(0.359g/cm³)的 1.9 倍、马尾松(0.521g/cm³)的 1.3 倍、云南松 0.615g/cm³)的 1.1 倍、马占相思(0.533g/cm³)的 1.3 倍；随着竹秆纵向高度的增加，云南甜竹的竹材密度也在不断增大。

　　(4)顺纹抗压强度：云南甜竹根部、中部、梢部的顺纹抗压强度分别为 56.68MPa、58.51MPa 和 71.05MPa，平均为 62.08MPa，低于参比竹种黄竹、巨龙竹、油簕竹、龙竹等丛生竹，但高于毛竹的顺纹抗压强度(59.84MPa)；在纵向上，云南甜竹的顺纹抗压强度逐渐增加，其中梢部最高，可达 71.05MPa；和木材相比，云南甜竹顺纹抗压强度高于天然生长的杉木、云南松、马尾松、湿地松、火炬松几种木材。

　　(5)抗弯强度：云南甜竹的抗弯强度从根部到梢部逐渐增大，根部、中部、梢部的抗弯强度分别为 117.53MPa、147.35MPa、170.30MPa，平均为 145.06MPa，与参比竹种黄竹基本近似，高于巨龙竹，低于油簕竹和龙竹；和木材相比，云南甜竹的抗弯强度高于杉木、云南松、马尾松、湿地松、火炬松几种成熟木材。

　　(6)抗弯弹性模量：云南甜竹的抗弯弹性模量竹梢部分最大，为 13673MPa，根部最小，为 8 853MPa，中部介于前两者之间，为 12 531MPa，整竹平均抗弯弹性模量为 11 686MPa，与毛竹材的弹性模量 11 934MPa 非常接近。

　　(7)纤维饱和点：云南甜竹的纤维饱和点含水率随竹秆高度的增加而减小，其中根部为 30.13%，中部为 21.84%，梢部为 14.86%，平均为 22.28%，比参比竹种龙竹和油簕竹小，但高于参比竹种黄竹、巨龙竹；云南甜竹的纤维饱和点含水率略低于一般木材。

(8)湿胀性：云南甜竹从全干材到气干材和吸水饱和时，其体积湿胀率分别为9.210%和19.269%，比参比竹种毛竹的相应湿胀率(5.305%和10.704%)要大，与大木竹的相应湿胀率(8.965%和18.686%)基本接近。

物理力学性质是竹材原竹开发利用的基础，竹材的诸多用途都是由物理力学性质决定的。云南甜竹密度比一般木材高，体积干缩性小，顺纹抗压强度、抗弯强度、抗弯弹性模量等力学性质在竹材中处于中等水平，但高于常见木材。整体来看，云南甜竹多项材性指标满足各种板材、建筑材料对原料的性能要求。在我国木材资源供需矛盾日益突出的情况下，云南甜竹不失为一种优良的木材替代材料。

第4章 巨龙竹纤维形态特征

近年来，随着经济的发展，国内对纸的需求量不断上升，竹子作为非木质资源，以其生长快、产量高、周期短等生物学优势成为制浆造纸的重要原料之一。目前，川西南、滇东北、滇中、黔南等许多西部县市大面积营造竹林，同时也新建或扩建了一大批大型竹浆造纸企业。然而，从用于制浆的造林竹种来看，大多数为中小径竹，产材量并不乐观，已成为影响竹原料基地效益乃至整个竹浆造纸产业化发展的瓶颈问题。

我国丛生竹资源丰富，有16属160余种（马乃训，2004），广泛分布在中国南方地区。同散生竹种相比，丛生竹林的生物量大、成熟年限短、竹纤维含量高、质量好，作为造纸和刨花板原料有着散生竹难以媲美的优越性，发展前景十分广阔。然而，近几十年我国竹林培育和开发的实践表明，丛生竹的利用并未引起人们的足够重视。今天，竹材加工业迅猛发展，选择材性优良的丛生竹种进行培育和开发，无论对改变竹材单一化利用模式、缓解竹材加工业原料成本过高的状况，还是对竹种多样性保护都具有十分重要的意义。

4.1 材料与方法

4.1.1 试样制备

从巨龙竹根部、中部和梢部圆竹试材分别截取长、宽各约 1cm 的竹块，以备纤维壁厚、腔径、壁腔比切片分析所用。

将部分竹块劈成火柴杆大小的竹条，合并由不同竹株同一部位制得的小竹条，混合均匀，保存于磨口广口瓶中，以备纤维长度、宽度和长宽比分析使用。

4.1.2 纤维形态测定

4.1.2.1 纤维长度、宽度及长宽比的测量

测量巨龙竹的纤维长度、宽度及长宽比需要先对竹纤维进行解离，本实验采

用硝酸氯酸钾分离法解离纤维(尹思慈, 2001), 具体过程如为: 将制备好的试样按部位置于试管中, 在试管中加入适量清水, 然后加热至试样沉于试管底部为止。倒出清水, 在试管中加入适量硝酸溶液(以 1 份硝酸和 2 份蒸馏水配置)淹没材料, 再加入氯酸钾 3~5g。将试管置于水浴中加热, 直至有气泡产生, 材料颜色变白为止。用蒸馏水冲洗试管内容物, 倒去上层液体, 如此反复数次, 至酸液完全洗净。制作临时切片, 观察并记录纤维的长度和宽度。

4.1.2.2 纤维壁厚、腔径及壁腔比的测量

测量巨龙竹的壁厚、腔径及壁腔比需要对竹材试样进行软化后切片, 具体操作为: 将用纱布包扎好的竹材放压力锅中, 用水浸没, 经 20~30h 蒸煮, 除去材料中的空气。将滑走式切片机切片厚度调整为 15~20μm, 固定软化的试样并切片, 制作临时切片观察和记录纤维壁厚、腔径数据。

4.2 结果与讨论

4.2.1 纤维长度、宽度及长宽比

薄壁型和厚壁型巨龙竹纤维的长度和宽度见表 4-1。由表 4-1 可知, 薄壁型巨龙竹的纤维长度在 0.48~4.77mm, 平均长度为 1.83mm, 纤维宽度在 7.17~31.74μm, 平均宽度为 17.03μm, 平均长宽比为 107; 厚壁型巨龙竹的纤维长度在 0.51~4.90mm, 平均长度为 2.20mm, 纤维宽度为 6.03~41.20μm, 平均宽度为 19.69μm, 平均长宽比为 112。与其他参比原料相比, 薄壁型和厚壁型巨龙竹的纤维长宽比低于云南甜竹、慈竹、毛竹, 但显著高于云杉、马尾松和桉树等木本原料。这一结果说明, 薄壁型和厚壁型巨龙竹可以成为代替木本植物的制浆原料。

从测试结果来看, 薄壁型和厚壁型巨龙竹在纵向分布上未见规律性变化, 即竹材纤维长宽比与竹秆位置无显著关系。但是薄壁型和厚壁型巨龙竹的纤维长宽比在根部、中部、梢部均大于 45, 这说明两竹的纤维较长、韧性较好, 是优质的造纸原料。

表 4-1　薄壁型和厚壁型巨龙竹及其他参比竹纤维长度、宽度、长宽比

Tab. 4-1　The fibre length（L），fibre width（W），and L/W ratio of thick-walled and thin-walled types of *Dendrocalamus sinicus* and other compared fibrous material

原料种类	部位	纤维长度/mm			纤维宽度/µm			长宽比
		最大	最小	平均	最大	最小	平均	
薄壁型巨龙竹	根部	4.17	0.48	1.67	29.80	7.37	16.96	98
	中部	4.66	0.49	2.15	31.74	8.32	17.17	125
	梢部	4.77	0.48	1.67	29.80	7.17	16.96	98
	均值	—	—	1.83	—	—	17.03	107
厚壁型巨龙竹	根部	4.65	0.75	2.35	41.20	8.15	22.85	103
	中部	4.90	0.51	2.15	34.69	6.05	18.96	113
	梢部	4.59	0.62	2.10	32.08	6.03	17.26	122
	均值	—	—	2.20	—	—	19.69	112
云南甜竹	根部	5.32	0.97	1.76	21.14	12.13	16.59	106
	中部	3.46	1.71	2.72	20.20	9.46	15.15	180
	梢部	4.33	1.69	3.47	18.45	7.70	14.04	247
	均值	—	—	2.65	—	—	15.26	174
慈竹		2.91	1.10	1.99	23.10	8.40	15.00	133
毛竹		2.71	1.23	2.00	19.60	12.30	16.20	123
芦苇		1.60	0.60	1.12	13.40	5.90	9.70	115
稻草		1.43	0.47	0.92	6.00	9.50	8.10	114
云杉		4.05	1.84	3.06	68.60	39.20	51.90	59
马尾松		5.06	2.23	3.61	65.70	36.30	50.00	72
桉树		0.79	0.55	0.68	18.30	13.20	16.80	40

注：表中的慈竹、芦苇、稻草、云杉、马尾松、桉树的数据引自《植物纤维化学》（杨淑惠，2005）；甜竹与毛竹的数据引自《云南甜竹材性分析及开发利用价值初步评价》（史正军等，2009a）。

4.2.2　纤维长度的分布频率

纤维长度分布频率是指每一长度等级纤维的根数占该种纤维总根数的百分比，是用来衡量竹材纤维长度分布均匀性、确定制浆造纸原料配比的重要依据。薄壁型和厚壁型巨龙竹的纤维长度分布频率见表 4-2。

表4-2   薄壁型和厚壁型巨龙竹及其他参比竹种纤维长度分布频率（%）

Tab. 4-2   Frequence distribution of fibre length in thick-walled and thin-walled types of

Dendrocalamus sinicus and other compared fibrous material（%）

原料	长度范围/mm								
	≤0.5	0.5~1.0	1.0~1.5	1.5~2.0	2.0~2.5	2.5~3.0	3.0~3.5	3.5~4.0	≥4.0
薄壁型巨龙竹	0	20.9	25.3	18.7	10.6	9.1	5.8	5.5	3.6
厚壁型巨龙竹	0	28.3	22.9	14.5	12.9	6.4	5.8	4.2	5.1
云南甜竹	0	5.8	6.3	12.7	22.5	24.7	14.3	8.5	5.2
慈竹	2.0	9.0	18.0	23.0	21.0	17.0	6.0	3.0	1.0
芦苇	6.0	41.0	34.0	10.0	6.0	2.0	0	0	1.0
稻草	24.0	45.0	20.0	5.0	5.0	1.0	0	0	0
白皮桦	0	15.0	77.0	8.0	0	0	0	0	0

注：表中的慈竹、芦苇、稻草、白皮桦的数据引自《植物纤维化学》（杨淑惠，2005）；云南甜竹的数据引自《云南甜竹材性分析及开发利用价值初步评价》（史正军等，2009a）。

由表4-2可知，薄壁型巨龙竹纤维长度主要集中在0.5~2.0mm，所占比例高达64.9%，超过3.5mm的不足10%；厚壁型巨龙竹纤维长度在0.5~2.0mm的频率为65.7%，超过3.5mm的为9%左右，两者基本具有相同的分布频率。与其他参比材料相比较，薄壁型和厚壁型巨龙竹的纤维长度分布频率较为集中，纤维长度明显优于芦苇、稻草、白皮桦等参比原料，而较长的纤维在制浆造纸过程中可以增加纸张的韧性，进而证明了薄壁型和厚壁型巨龙竹可以作为代替草本及木本的原料，用于生产优质纸张。

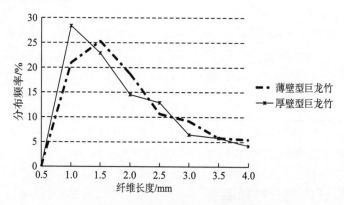

图4-1   薄壁型和厚壁型巨龙竹纤维长度分布频率

Fig. 4-1   The frequence distribution of fibre length of thick-walled

and thin-walled types of *Dendrocalamus sinicus*

4.2.3　纤维细胞壁厚、腔径及壁腔比

竹材纤维细胞的壁腔比是指纤维细胞壁的双壁厚与细胞腔直径的比值，这一指数通常用来表明纤维的柔韧程度，又称纤维细胞壁柔性系数。壁腔比是植物纤维原料在制浆造纸利用价值的一个重要指标。经研究表明，纤维的壁腔比不同，则它的柔软性不同，壁腔比小的纤维，成纸时纤维之间的接触面积大，结合力较强，成纸的强度高；反之，壁腔比大的纤维则较硬，柔韧性差，成纸时纤维之间的接触面积小，结合力较弱，成纸的强度差。薄壁型和厚壁型巨龙竹的细胞壁厚、腔径和壁腔比的测量结果见表 4-3。

表 4-3　薄壁型和厚壁型巨龙纤维细胞壁厚、腔径与壁腔比

Tab. 4-3　The wall thikness (T), fibre cavity diameter (D), and

T/D ratio of thick-walled and thin-walled types of *Dendrocalamus sinicus*

部位		腔径/μm			双壁厚/μm			壁腔比
		最大	最小	平均	最大	最小	平均	
薄壁型巨龙竹	竹青	12.29	1.33	6.71	23.84	5.50	13.28	1.98
	竹肉	12.98	1.37	6.84	20.24	6.30	12.90	1.88
	竹黄	12.64	1.76	6.93	18.48	5.08	10.78	1.55
	均值	—	—	6.82	—	—	12.32	1.80
厚壁型巨龙竹	竹青	13.19	1.24	6.75	22.08	5.76	13.18	1.95
	竹肉	13.69	1.29	6.69	18.38	7.22	12.84	1.92
	竹黄	12.63	1.06	7.95	17.38	5.38	10.78	1.35
	均值	—	—	7.13	—	—	12.26	1.74

由表 4-3 可知，薄壁型巨龙竹的纤维细胞腔径在 1.33~12.98μm，平均腔径为6.82μm；纤维细胞双壁厚在 5.08~23.84μm，平均双壁厚为 12.32μm；壁腔比为1.55~1.98，平均壁腔比为 1.80。厚壁型巨龙竹的纤维细胞腔径在 1.06~13.69μm，平均腔径为 7.13μm；纤维细胞双壁厚在 5.38~22.08μm，平均双壁厚为12.26μm；壁腔比为 1.35~1.95，平均壁腔比为 1.78。从径向分布来看，薄壁型和厚壁型巨龙竹的纤维腔径丛竹青到竹黄逐渐增大；纤维细胞壁从竹青到竹黄逐渐减小，变化规律较为明显。综上所述，薄壁型和厚壁型巨龙竹的纤维细胞壁薄、腔大，柔韧性较好，是良好的制浆造纸材料。

4.2.4　纤维长度、宽度、长宽比统计分析

薄壁型和厚壁型巨龙竹纤维长度、宽度、长宽比比较详见表 4-4。经独立样本

T 检验，薄壁型和厚壁型巨龙竹的纤维宽度和纤维长宽比的总体差异较大，具有统计学意义，纤维长的总体差异不具有统计学意义。

薄壁型和厚壁型巨龙竹的纤维宽度总体上差异具有统计学意义，且薄壁型巨龙竹根部和中部的纤维宽度分别为 19.63±6.85μm 和 17.17±4.67μm，均低于厚壁型巨龙竹根部和中部的纤维宽度，差异有统计学意义。薄壁型和厚壁型巨龙竹纤维长宽比的总体差异具有统计学意义，且薄壁型巨龙竹根部和中部的纤维长宽比分别为 89.12±9.39 和 116.31±32.66，均高于厚壁型根部和中部的纤维宽比，差异均有统计学意义。

表 4-4　薄壁型和厚壁型巨龙竹纤维长度、宽度、长宽比统计分析

Tab. 4-4　The statistical analysis of fibre length (L), fibre width (W), and

L/W ratio of thick-walled and thin-walled types of *Dendrocalamus sinicus*

测定项目	部位	薄壁型		厚壁型		T	P
		N	Mean±SDμm	N	Mean±SDμm		
纤维长度	根部	100	1806.81±849.40	110	2075.08±1258.71	−1.82	0.0696
	中部	100	2136.72±1083.19	100	1636.65±955.52	3.46	0.0007*
	梢部	86	1669.38±894.90	100	1643.76±960.13	0.19	0.8517
	合计	286	1880.84±967.17	310	1794.52±1090.96	1.02	0.3064
纤维宽度	根部	100	19.63±6.85	110	24.20±8.04	−4.41	<0.0001*
	中部	100	17.17±4.67	100	19.35±6.59	−2.70	0.0076*
	梢部	86	16.96±5.11	100	17.21±6.33	−0.30	0.7659
	合计	286	17.97±5.76	310	20.38±7.64	−4.33	<0.0001*
纤维长宽比	根部	100	89.12±9.39	110	79.17±23.07	4.16	<0.0001*
	中部	100	116.31±32.66	100	80.02±19.45	9.54	<0.0001*
	梢部	86	92.25±21.10	100	88.25±22.30	1.25	0.2134
	合计	286	99.57±26.21	310	82.38±22.02	8.69	<0.0001*

注：* 差异有统计学意义。

4.3　本 章 小 结

(1)纤维长宽比：薄壁型巨龙竹的纤维长宽比为 107；厚壁型巨龙竹的纤维长宽比为 112。厚壁型巨龙竹纤维长宽比大于薄壁型巨龙竹，但是，两者差异不明显。

(2)纤维长度分布频率：薄壁型巨龙竹纤维长度主要集中在 0.5~2.0mm，所占比例高达 64.9%，超过 3.5mm 的不足 10%；厚壁型巨龙竹具有相似的分布频率。

(3)纤维壁腔比：薄壁型巨龙竹的纤维细胞壁腔比为 1.80。厚壁型巨龙竹的纤维细胞壁腔比为 1.74。薄壁型和厚壁型巨龙竹的纤维细胞壁薄、腔大，柔韧性较好，是良好的制浆造纸材料。

纤维形态是造纸和人造板材开发利用的重要指标。薄壁型和厚壁型巨龙竹纤维长度大，长宽比高；纤维细长且柔韧性好，具有很高的造纸及人造板材开发价值，尤其对于造纸，薄壁型和厚壁型巨龙竹可视为生产中高档纸的上等原料。

第5章　云南甜竹纤维形态特征

中国是纸张生产、消费和进口大国。但是，我国纸张的生产能力远远不能满足市场需要，近年来纸浆进口量迅速增加，主要原因是我国造纸用纤维原料短缺，造纸原料结构不合理，木材纤维原料匮乏。在众多的非木材纤维原料中，竹子是很好的造纸原料，它具有生长快、周期短、可再生、一次造林可永续利用等特点。因此，开展竹子研究、培育优质丰产竹林、建立林纸一体化竹浆生产基地、大力发展竹浆产业，自然成为造纸业和竹产业关注的热点。

制浆造纸对竹种选用有严格要求，纤维原料的品种、质量不仅关系到制浆造纸的品种、质量，而且对造纸企业的生产规模、工艺技术方法、环境污染治理、综合经济效益等均有决定影响。有关科研院所和纸厂的实验研究与生产实践表明，对纸浆的成纸性能影响较大的因素主要包括：纤维形态、纤维素、灰分、杂细胞的含量。

5.1　材料与方法

云南甜竹秆材纤维形态测定方法与第4章4.1节所述相同。

5.2　结果与讨论

纤维形态是植物纤维原料的基本特征之一。纤维形态包括纤维的长度、宽度、长宽比、壁厚、腔径、壁腔比等基本形态指标。

5.2.1　纤维长度、宽度与长宽比

对于植物原料，纤维长度指完整的纤维细胞的长度，它是造纸工业原料性能的主要评价因子之一，对纸的强度影响较大，纤维的长度能增加纸张的抗张强度、耐破度及耐折度。纤维宽度指纤维中段的直径。纤维长度/纤维宽度的值称为纤维的长宽比，一般认为，长宽比大的纤维，成纸时单位面积中纤维之间相互交织的

次数多,纤维分布细密,成纸强度高,特别是纸的撕裂度、裂断长、耐折度等强度指标,受纤维的长宽比影响极大,所以在相当长的时期内,长宽比被用以作为评价纤维原料制浆造纸价值的重要标准。以往的经验认为,纤维长宽比小于 45 的原料,不适合作为制浆造纸原料(杨淑惠,2005)。

云南甜竹纤维长度、宽度与长宽比测定结果见表 5-1。

表 5-1 云南甜竹与其他参比植物原料的纤维长度、宽度长宽比

Tab. 5-1 The fibre length (L), fibre width (W), and L/W ratio of *Dendrocalamus brandisii* and other compared fibrous material

原料种类	部位	纤维长度/mm			纤维宽度/μm			长宽比
		最大	最小	平均	最大	最小	平均	
云南甜竹	根部	5.32	0.97	1.76	21.14	12.13	16.59	106
	中部	3.46	1.71	2.72	20.20	9.46	15.15	180
	梢部	4.33	1.69	3.47	18.45	7.70	14.04	247
	均值	—	—	2.65	—	—	15.26	174
慈竹		2.91	1.10	1.99	23.10	8.40	15.00	133
毛竹		2.71	1.23	2.00	19.60	12.30	16.20	123
芦苇		1.60	0.60	1.12	13.40	5.90	9.70	115
稻草		1.43	0.47	0.92	6.00	9.50	8.10	114
云杉		4.05	1.84	3.06	68.60	39.20	51.90	59
马尾松		5.06	2.23	3.61	65.70	36.30	50.00	72
桉树		0.79	0.55	0.68	18.30	13.20	16.80	40

注:表中慈竹、毛竹、芦苇、稻草、云杉、马尾松、桉树数据引自《植物纤维化学》(杨淑惠,2005)。

从表 5-1 可以看出,云南甜竹纤维长度在 0.97~5.32mm,平均长度为 2.65mm,纤维宽度在 7.70~21.14μm,平均宽度为 15.26μm,长宽比在 106~247,平均长宽比为 174,按照国际木材解剖学会规定,属于较长的纤维(马灵飞和韩红,1994)。和常见造纸纤维原料相比,云南甜竹的纤维长度比慈竹、毛竹、芦苇、稻草等非木材纤维类原料长,比桉树长,比云杉、马尾松等针叶材短;长宽比比参比原料慈竹、毛竹、芦苇、稻草、云杉、马尾松和桉树等高。因此,从纤维长度、宽度及长宽比来看,云南甜竹纤维细长,柔韧性好,属优质造纸原料,可以用来制造中高档纸。

如图 5-1 所示,从云南甜竹根部、中部至梢部的纵向方向上,其纤维长度从 1.76mm 逐渐增加到 3.47mm,这和苏文会等(2005b)报道的大木竹、青皮竹、绿竹等竹种纤维长度变异规律有所不同,说明竹子纤维长度及其变异情况与竹种密切相关。

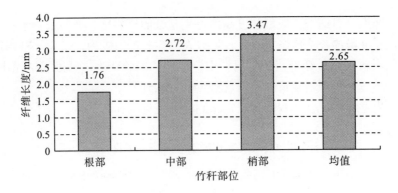

图 5-1 云南甜竹纤维长度变异规律

Fig. 5-1 The fibre length diversity of *Dendrocalamus brandisii*

5.2.2 纤维长度的分布频率

纤维频率是指每一长度级别纤维的根数占该种纤维总根数的百分率，是衡量原料纤维长度分布均匀性、确定纸浆原料配比的重要依据。

云南甜竹纤维长度的频率分布见表 5-2、图 5-2。测定数据表明，云南甜竹纤维长度大于 2.0mm 的比例高达 75.2%，大部分纤维长度在 2.0～3.5mm，长度在 3.5mm 以上纤维比例超过 10%。由此可知，云南甜竹纤维主要分布在较长级中，造纸适应性略低于马尾松，但明显优于慈竹、毛竹、芦苇、稻草、白皮桦、山杨等参比原料。

表 5-2 云南甜竹及其他参比原料纤维长度分布频率

Tab. 5-2 Frequence distribution of fibre length in *Dendrocalamus brandisii*

and other compared fibrous material

长度范围 /mm	≤ 0.5	0.5～1.0	1.0～1.5	1.5～2.0	2.0～2.5	2.5～3.0	3.0～3.5	3.5～4.0	≥ 4.0
云南甜竹	0	5.8	6.3	12.7	22.5	24.7	14.3	8.5	5.2
慈竹	2.0	9.0	18.0	23.0	21.0	17.0	6.0	3.0	1.0
毛竹	0	6.5	18.5	28.0	22.0	15.5	7.0	2.5	0
芦苇	6.0	41.0	34.0	10.0	6.0	2.0	0	0	1.0
稻草	24.0	45.0	20.0	5.0	5.0	1.0	0	0	0
马尾松	0	0	1.5	7.0	14.5	10.0	16.0	13.5	37.5
白皮桦	0	15.0	77.0	8.0	0	0	0	0	0
山杨	6.0	66.0	28.0	0	0	0	0	0	0

注：表中慈竹、毛竹、芦苇、稻草、马尾松、白皮桦、山杨相关数据均引自《植物纤维化学》(杨淑惠，2005)。

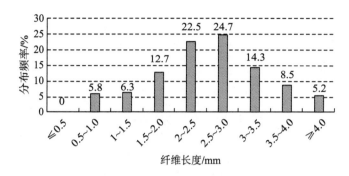

图 5-2 云南甜竹纤维长度频率分布图

Fig. 5-2 Frequence distribution of fibre length of *Dendrocalamus brandisii*

5.2.3 纤维细胞壁厚、腔径及壁腔比

　　纤维细胞的壁腔比,即纤维细胞壁厚度(双壁厚)与细胞腔直径的比值,它表明纤维的柔韧程度,又称细胞壁柔性系数。壁腔比是除长宽比外衡量植物纤维原料制浆造纸利用价值的另一个重要指标。生产实践表明,纤维的壁腔比不同,则它的柔软程度不同,壁腔比小(即纤维的柔软性好)的纤维,成纸时纤维之间的接触面积大,结合力较强,成纸的强度高;反之,壁腔比大的纤维则较僵硬,成纸时纤维之间的接触面积小,结合力较弱,成纸的强度差。

　　云南甜竹的细胞壁厚、腔径及壁腔比的测量结果见表 5-3。从测定数据可以看出,云南甜竹纤维细胞腔径在 7.42～30.47μm,平均腔径为 15.88μm;纤维细胞双壁厚在 2.77～9.38μm,平均双壁厚为 5.6μm;壁腔比为 0.28～0.67,平均壁腔比为 0.35。马灵飞和韩红(1994)对孟竹、巨龙竹、青皮竹等 41 种丛生竹的纤维形态研究表明,大部分丛生竹的细胞壁厚度约为 6.2μm,腔径约为 3.6μm。相比于此,云南甜竹的细胞壁薄、腔大,柔韧性好。但需要注意的是,这一细胞结构特征在给云南甜竹纤维提供较好的柔韧性的同时,也会在一定程度上降低纤维的力学强度,这与本书第 3 章中云南甜竹的物理力学性质测定结果是相一致的。

表 5-3 云南甜竹细胞细胞壁厚、腔径及壁腔比

Tab. 5-3 The wall thikness (T), fibre cavity diameter (D), and T/D ratio of *Dendrocalamus brandisii*

部位	腔径/μm			双壁厚/μm			壁腔比
	最大	最小	平均	最大	最小	平均	
竹青	26.68	9.42	16.05	7.05	2.77	4.52	0.28
竹肉	30.47	7.42	16.82	9.38	4.08	5.99	0.36
竹黄	23.16	9.38	14.77	8.70	4.24	6.29	0.67
均值	—	—	15.88	—	—	5.60	0.35

在竹黄到竹青的径向方向上，云南甜竹竹肉部分纤维细胞腔径最大，竹黄部分纤维细胞腔径最小，竹青介于二者之间；而细胞壁则从竹青到竹肉逐渐加厚，表现出比较明显的变化规律性。

5.3 本 章 小 结

(1)纤维长度、宽度及长宽比：云南甜竹纤维长度在 0.97～5.32mm，平均长度为 2.65mm，纤维宽度在 7.70～21.14μm，平均宽度为 15.26μm，长宽比在 106～247，平均长宽比为 174，属于较长的纤维原料。与常见造纸纤维原料相比，云南甜竹的纤维长度比慈竹、毛竹、芦苇、稻草等非木材纤维类原料长，比桉树长，比云杉、马尾松等针叶材短；长宽比比参比原料慈竹、毛竹、芦苇、稻草、云杉、马尾松和桉树等高。

(2)纤维长度的分布频率：云南甜竹纤维长度大部分集中于 2.0～3.5mm，大于 2.0mm 的比例高达 75.2%，长度在 3.5mm 以上纤维比例超过 10%。可见，云南甜竹纤维主要分布在较长级中，造纸适应性明显优于慈竹、毛竹、芦苇、稻草、白皮桦、山杨等参比原料。

(3)纤维细胞腔径、壁厚和壁腔比：云南甜竹纤维细胞腔径在 7.42～30.47μm，平均腔径为 15.88μm，细胞腔较大；纤维细胞双壁厚在 2.77～9.38μm，平均双壁厚为 5.60μm，细胞壁薄；壁腔比为 0.28～0.67，平均壁腔比为 0.35，柔韧性好。

纤维形态是衡量竹材造纸性能优劣及人造板材开发利用价值的重要内容。云南甜竹纤维长度大、长宽比高、壁腔比小，属于细长且柔韧性好的纤维类型，具有很高的纸浆及人造板材开发价值，尤其对于前者，云南甜竹可视为生产中高档纸的上等原料。

第6章 巨龙竹细胞壁化学成分

我国森林资源紧缺，木材供应紧张，造纸用的木浆长期依赖进口。随着近几年造纸技术的进步，竹材造纸已没有大的技术障碍，因此，我国云南、海南、广东、广西等地大面积营造的丛生竹，其生物量大，是毛竹的 7～10 倍，纤维素的含量高于毛竹，是造纸的好原料，以竹材为原料造纸和以木材为原料造纸，其劳动生产效率大体上相近，而原料成本竹材应低于木材，因此将丛生竹列入造纸原料的基地建设，大力发展竹材造纸的生产，是利国利民的大事。

本章对巨龙竹秆材细胞壁化学成分进行测定，为以巨龙竹为原料的竹材制浆、纸浆漂白等生产过程制订工艺路线和工艺条件提供理论支持。

6.1 材料与方法

6.1.1 试样制备

将竹材试样纵向劈成 1cm 宽的竹条，每隔 2 条取 1 条，然后把再把竹条锯成 4cm 左右长的竹片。把锯好的竹片劈成竹条，粗细与牙签相似为宜。将同一竹种不同竹株同一部位制得的小竹条合并，混合后用粉碎机粉碎，以 40～60 目筛筛选出的竹粉(约 500g)为试样。样品冷却到室温，储存在 1000mL 磨口具塞玻璃瓶中，以备分析使用。

6.1.2 化学成分测定

6.1.2.1 *水分的测定*

参照国家标准 GB/T2677.2—93 执行。

水分含量 X(%) 按式(6-1)计算：

$$X = \frac{m - m_1}{m} \times 100\%$$ (6-1)

式中，m 为烘干前的试样质量(g)；m_1 为烘干后的试样质量(g)。

6.1.2.2 灰分的测定

参照国家标准 GB/T 2677.3—93 执行。

灰分含量 $X(\%)$ 按式(6-2)计算：

$$X = \frac{m_2 - m_1}{m_0} \times 100\%$$ (6-2)

式中，m_1 为灼烧后坩埚质量(g)；m_2 为灼烧后盛有灰渣的坩埚质量(g)；m_0 为试样绝干质量(g)。

同时进行两组测试，两组测试结果的绝对值误差不应超过 0.2%。

6.1.2.3 酸不溶木质素含量的测定

参照国家标准 GB/T2677.8—94 执行。

酸不溶木质素含量 $X(\%)$ 按式(6-3)计算：

$$X = \frac{m_1 - m_2}{m_0} \times 100\%$$ (6-3)

式中，m_1 为烘干后的酸不溶木质素质量(g)；m_2 为酸不溶木质素中灰分质量(g)；m_0 为绝干试样质量(g)。

同时进行两组测试，两组测试结果的绝对值误差不应超过 0.2%。

说明：本实验中用砂芯漏斗代替普通滤纸减少实验误差。

6.1.2.4 多戊糖含量的测定

参照国家标准 GB/T 2677.9—94 执行。

糠醛含量 $X(\%)$ 按式(6-4)计算：

$$X = \frac{(V_1 - V_2)c \times 0.048 \times 500}{200m} \times 100\%$$ (6-4)

式中，V_1 为空白实验所耗用的 0.1000mol/L 硫代硫酸钠标准溶液体积(mL)，V_2 为试样所耗用的 0.1000mol/L 硫代硫酸钠标准溶液体积(mL)；c 为硫代硫酸钠标准溶液浓度(mol/L)；m 为试样绝干质量(g)；0.048 为与 1.0mL 硫代硫酸钠标准溶液相当的糠醛质量(g)。

多戊糖含量 $Y(\%)$ 按式(6-5)计算：

$$Y = KX\%$$ (6-5)

式中，K 为系数，试样为非木材植物纤维时，$K=1.38$。

6.1.2.5 综纤维素含量的测定

综纤维素含量 $X(\%)$ 按式(6-6)计算：

$$X = \frac{m_1 - m_2}{m_0} \times 100\% \tag{6-6}$$

式中，m_0 为试样绝干质量(g)；m_1 为烘干后综纤维素含量(g)；m_2 为综纤维素中灰分含量(g)。

6.1.2.6　抽出物含量的测定

1. 冷水抽出物含量的测定

参照国家标准 GB/T 2677.4—93 执行。

冷水抽出物含量 $X_1(\%)$ 按式(6-7)计算：

$$X_1 = \frac{m_1 - m_2}{m_1} \times 100\% \tag{6-7}$$

式中，m_1 为抽提前试样的绝干质量(g)；m_2 为抽提后试样的绝干质量(g)。

2. 热水抽出物含量的测定

参照国家标准 GB/T 2677.4—93 执行。

热水抽出物含量 $X_2(\%)$ 按式(6-8)计算：

$$X_2 = \frac{m_1 - m_3}{m_1} \times 100\% \tag{6-8}$$

式中，m_1 为抽提前试样的绝干质量(g)；m_3 为抽提后试样的绝干质量(g)。

3. 1%NaOH 抽出物含量的测定

参照国家标准 GB/T 2677.5—93 执行。

1%氢氧化钠抽出物含量 $X(\%)$ 按式(6-9)计算：

$$X = \frac{m - m_1}{m} \times 100\% \tag{6-9}$$

式中，m 为抽提前试样的绝干质量(g)；m_1 为抽提后试样的绝干质量(g)。

4. 乙醚抽出物含量的测定

参照国家标准 GB/T 2677.6—94 执行。

有机溶剂抽出物含量 $X(\%)$ 按式(6-10)计算：

$$X = \frac{(m_1 - m_0)100}{m_2(100 - W)} \times 100\% \tag{6-10}$$

式中，m_0 为空称量瓶的质量(g)；m_1 为称量瓶加烘干后抽出物的质量(g)；m_2 为风干试样的质量(g)；W 为试样的水分(%)。

5. 苯醇抽出物含量的测定

参照国家标准 GB/T 2677.7—81 执行。

苯醇抽出物含量 $X(\%)$ 按式(6-11)计算：

$$X = \frac{(G_1 - G)100}{G_2(100 - W)} \times 100\% \tag{6-11}$$

式中, G 为扁形称量瓶的质量 (g) ; G_1 为扁形称量瓶连同已烘干残余物的质量 (g) ; G_2 为风干试样的质量 (g) ; W 为试样的水分 $(\%)$ 。

6.2　结果与讨论

对薄壁型和厚壁型巨龙竹的灰分、木质素、综纤维素、多戊糖、冷水抽出物、热水抽出物、1%NaOH 抽出物、乙醚抽出物、苯醇抽出物等 9 项化学指标进行测定,测定结果见表 6-1。

表 6-1 薄壁型和厚壁型巨龙竹及其他参比纤维原料化学成分 (%)

Tab. 6-1 The chemical composition of thick-walled and thin-walled types of *Dendrocalamus sinicus* and other compared fibrous material（%）

纤维原料种类	部位	灰分	木质素	综纤维素	多戊糖	冷水抽出物	热水抽出物	1%NaOH 抽出物	乙醚抽出物	苯醇抽出物
薄壁型巨龙竹	梢部	4.43	25.17	70.71	15.43	6.89	9.07	20.21	0.39	4.84
	中部	2.57	24.01	70.97	14.07	5.15	6.51	20.14	0.38	2.16
	根部	1.90	24.42	69.32	14.32	5.89	6.31	18.90	0.29	1.74
	平均	2.96	24.53	70.33	14.61	5.98	7.30	19.75	0.35	2.91
厚壁型巨龙竹	梢部	4.99	27.25	71.72	16.08	4.86	5.74	20.46	0.41	4.05
	中部	3.08	25.83	72.09	15.47	5.84	6.42	19.23	0.36	3.18
	根部	4.76	25.29	69.18	16.32	5.85	7.62	21.60	0.25	3.97
	平均	4.28	26.12	71.01	15.96	5.52	6.60	20.43	0.34	3.73
云南甜竹	梢部	2.36	22.75	75.64	16.06	6.41	9.12	20.68	0.41	3.22
	中部	0.55	31.99	74.21	14.51	7.93	10.47	21.71	0.37	4.25
	根部	0.46	26.51	69.02	15.96	8.17	8.45	22.40	0.26	2.92
	平均	1.12	27.08	72.96	15.51	7.50	9.35	21.60	0.35	3.46
毛竹	梢部	1.20	23.28	75.22	18.08	4.06	4.34	23.19	0.39	2.25
	中部	1.85	24.43	74.94	16.99	1.84	2.22	22.95	0.05	1.94
	根部	0.92	22.49	72.61	16.77	4.68	3.02	21.47	0.24	1.33
	平均	1.32	23.40	74.26	17.28	3.53	3.19	22.54	0.23	1.84
马尾松		0.33	28.42	—	8.54	2.21	6.77	22.87	4.43	—
桉树		0.29	27.45	77.80	10.27	2.01	3.30	12.67	—	1.98
麦草		6.04	22.34	—	25.56	5.36	23.15	44.56		0.51

注：表中的马尾松、桉树、麦草的数据引自《植物纤维化学》(杨淑惠,2005)；云南甜竹与毛竹的数据引自《云南甜竹化学成分分析》(史正军等,2009b)。

6.2.1 灰分

灰分是竹材中经过高温灼烧后依然无法燃烧而留下的成分，是竹材原料中的无机盐，主要成分为钾、钠、钙、镁、磷、硅。木材的灰分含量一般在 0.2%~1.0%，草类的灰分较高，竹材的灰分含量介于两者之间。由表 6-1 可以看出，相比于马尾松、桉树等木本纤维原料，薄壁型和厚壁型巨龙竹、云南甜竹与毛竹的灰分含量较高，其中厚壁型巨龙竹灰分含量最高，为 4.28%，其次为薄壁型巨龙竹，灰分含量 2.96%，二者相差 1.32%。

将薄壁型和厚壁型巨龙竹灰分含量进行横向对比发现：在根部，厚壁型巨龙竹灰分含量为 4.76%，薄壁型含量为 1.90%，厚壁型灰分含量高出 2.86%，差距较大；在中部，厚壁型巨龙竹灰分含量为 3.08%，薄壁型含量为 2.57%，厚壁型巨龙竹灰分含量高出 0.51%；在梢部，厚壁型巨龙竹灰分含量为 4.99%，薄壁型巨龙竹灰分含量为 4.43%，厚壁型灰分含量高出 0.56%。总体而言，厚壁型巨龙竹灰分含量高于薄壁型巨龙竹。

同时，灰分含量与竹秆纵向分布有一定的关联，薄壁型巨龙竹灰分含量随着生长高度增加而变大，梢部的灰分含量最高，超出中部含量 1.86%，差距较大，中部灰分含量次之，根部灰分含量最少。厚壁型巨龙竹梢部的灰分含量也高于中部和根部。究其原因可能是随着竹龄增长，各类矿物质在竹壁表层不断累积使得竹壁表层的灰分含量较高。薄壁型和厚壁型巨龙竹在生长过程中由根部至梢部竹材的直径渐小，栓质细胞和硅质细胞所占比例增大，使得竹材梢部的灰分含量高。

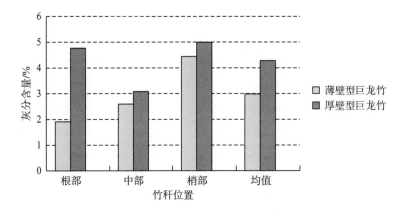

图 6-1 薄壁型和厚壁型巨龙竹灰分分布

Fig. 6-1 The ash distribution in thick-walled and thin-walled types of *Dendrocalamus sinicus*

竹材灰分含量对制浆造纸有一定的影响。灰分含量高使得制浆过程中化学药物使用量增大，碱液回收困难，造成环境的污染加剧。同时，在印刷纸张时灰分含量高容易产生掉粉现象，玷污印布，影响印刷品质量。此外，断裂长度，耐折性的高低都与灰分含量有关。综上所述，以巨龙竹作为制浆原料时，薄壁型优于厚壁型，或者可以考虑去除梢部或将竹材不同部位分开利用。

6.2.2 木质素

木质素是指存在于植物体内的单元芳香性聚合物，它广泛存在于植物木质部组织当中，主要作用是通过形成交织网络来硬化细胞壁，支撑整株植物的重量（杨淑惠，2005）。由表 6-1 可知，各类参比纤维原料的木质素含量由高到低排列依次为马尾松（28.42%）、桉树（27.45%）、厚壁型巨龙竹（26.12%）、薄壁型巨龙竹（24.53%）、毛竹（23.40%）、麦草（22.34%）。其中，厚壁型巨龙竹木质素含量略高，薄壁型和厚壁型巨龙竹木质素含量均值相差 1.59%，两者差异不显著。在竹材纵向方向，薄壁型和厚壁型巨龙竹梢部木质素的含量稍高于中部和根部，薄壁型巨龙竹梢部木质素含量为 25.17%，厚壁型巨龙竹梢部木质素含量为 27.25%，二者相差约为 2.00%。但总的来看，两种竹材木质素在纵向方向没有明显的分布规律。

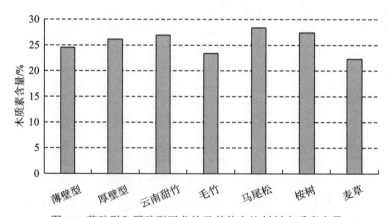

图 6-2 薄壁型和厚壁型巨龙竹及其他参比材料木质素含量

Fig. 6-2 The lignin distribution in thick-walled and thin-walled types of

Dendrocalamus sinicus and other compared fibrous material

竹材作为造纸原料，其木质素的含量对于制浆工艺有着重要影响。制浆蒸煮过程中木质素与碱反应消耗总碱量为 20%~25%，木质素含量越高消耗化学药品越多（谢来苏和詹怀宇，2001）。在生产化学浆时，要去除原料中 80% 以上的木质素，生产半化学浆时，也要将木质素除去 25%~50%。同时木质素作为大分子结构，造纸过程中必须断裂为小分子，这也增加了工艺难度。综上所述，仅就木质素含量而言，巨龙竹作为制浆原料优于木材，且薄壁型巨龙竹优于厚壁型巨龙竹。

6.2.3　综纤维素

综纤维素是指在植物纤维原料中除去抽出物和木质素后留下的部分，是半纤维素、纤维素的总称。目前采取的测定方法，因为非纤维素成分去除不干净，纤维素本身又有降低，这就使得测定的结果不能正确反映原料中纤维素的真正含量。因此，本实验中不单独测定薄壁型和厚壁型巨龙竹的纤维素而是测定综纤维素的含量，以此来说明原料的使用价值（屈维钧，1990）。综纤维素作为制浆造纸中重要的化学指标，其含量越高说明纸浆得率越高。薄壁型和厚壁型巨龙竹综纤维素含量适中，是较为理想的制浆材料。若要提高制浆效率，还可以分段利用巨龙竹，使其各部位效用得到优化。

由表 6-1 可知，厚壁型巨龙竹综纤维素含量为 71.01%，薄壁型巨龙竹综纤维素含量为 70.33%，厚壁型巨龙竹综纤维素含量高出薄壁型巨龙竹 0.68%，差异较小。

从竹秆纵向分布来看，厚壁型和薄壁型巨龙竹综纤维素含量最高的部位为中部，分别为 72.09% 和 70.97%，相差 1.12%，其次是梢部，与中部综纤维素含量十分接近。厚壁型巨龙竹梢部综纤维素含量为 71.72%，比中部少 0.37%；薄壁型巨龙竹梢部综纤维素含量为 70.71%，比中部少 0.26%。纤维素含量最低的部位为根部，厚壁型巨龙竹综纤维素含量为 69.18%，薄壁型巨龙竹综纤维素含量为 69.32%，两者仅相差 0.14%，差异较小（图 6-3）。

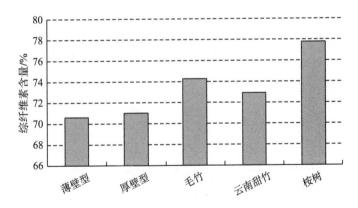

图 6-3　薄壁型和厚壁型巨龙竹及其他参比竹种综纤维素含量

Fig. 6-3　The holocellulose distribution in thick-walled and thin-walled types of *Dendrocalamus sinicus* and other compared fibrous material

6.2.4　多戊糖

在纤维原料中半纤维素的主要成分是多戊糖，各种植物原料都含有多戊糖，但含量不定，在一般情况下，非木材纤维原料中的多戊糖含量比木材中的含量多。由表 6-1 可知，厚壁型巨龙竹多戊糖含量为 15.96%，薄壁型巨龙竹含量为 14.61%，二者均值相差 1.35%。

将薄壁型与厚壁型巨龙竹各部位的多戊糖含量进行对比可以发现，厚壁型巨龙竹各部位多戊糖含量均高于薄壁型巨龙竹同部位。按照竹秆位置由低到高，厚壁型巨龙竹根部、中部和梢部多戊糖分别为 16.32%、15.47%、16.08%；薄壁型巨龙竹根部、中部和梢部多戊糖分别为 14.32%、14.07%、15.43%。多戊糖在两种竹材中未显示明显的分布规律。一定量多戊糖的存在，可以适当增加纤维的结合度，使得纸张有较好的韧性和强度。薄壁型巨龙竹和厚壁型巨龙竹的多戊糖含量略低于其他竹种，在竹材制浆过程中要加以关注。

6.2.5　抽出物

6.2.5.1　冷水抽出物

冷水抽出物的成分多为强亲水性、强极性的低分子化合物(辉朝茂和杨宇明，1998)。由表 6-1 可知，薄壁型巨龙竹和厚壁型巨龙竹冷水抽出物平均含量分别为 5.98%和 5.52%，两者差异较小。薄壁型巨龙竹根部、中部和梢部的冷水抽出物含量分别为 5.89%、5.15%、6.89%，其中梢部最高；厚壁型巨龙竹根部、中部和梢部的冷水抽出物含量分别为 5.85%、5.84%、4.86%，其中根部最高。结合云南甜竹与毛竹各部位冷水抽出物含量情况，可以初步推断竹材中冷水抽出物的分布具有一定的随机性和无序性。

6.2.5.2　热水抽出物

由表 6-1 可知，所有参比纤维原料热水抽出物含量由高到低依次为麦草(23.15%)、云南甜竹(9.35%)、薄壁型巨龙竹(7.30%)、马尾松(6.77%)、厚壁型巨龙竹(6.60%)、毛竹(3.19%)、桉树(3.30%)。薄壁型巨龙竹热水抽出物含量均值高于厚壁型均值，高出 0.7%。同时，不同种类的竹材热水抽出物含量在纵向分布上未出现规律性。

6.2.5.3　1%NaOH 抽出物

1%NaOH 抽出物中除了含有部分冷水、热水抽出物的成分，还含有部分木质素、聚戊糖和树脂酸等。由表 6-1 可知，厚壁型巨龙竹 1%NaOH 抽出物含量为 20.43%，薄壁型巨龙竹 1%NaOH 抽出物含量为 19.75%，两者相差 0.68%，差异较小。

　　薄壁型和厚壁型巨龙竹冷水抽出物、热水抽出物和 1%NaOH 抽出物的含量在竹秆纵向分布上未见明显的规律性变化，两者的 1%NaOH 抽出物含量为明显低于麦草，但高于桉树的含量，这种相互关系与各参比对象木质素及多戊糖的含量变化有关。竹材在受光、热、氧化及细菌侵蚀而变质的状况下 1%NaOH 抽出物的含量会发生变化，抽出物的含量较高，则竹材更易受虫蛀和霉变。从这个角度来看，巨龙竹在制浆原料里具有良好的抗病虫害能力。

6.2.5.4　乙醚抽出物

　　乙醚抽出物中含有树脂、蜡、脂肪、精油等极性有机物质，统称为脂类化合物。由表 6-1 可知，薄壁型与厚壁型巨龙竹的乙醚抽出物含量分别为 0.35%和 0.34%，均值十分接近，相差仅 0.01%。与参比的云南甜竹(0.35%)和毛竹(0.23%)相比，两者乙醚抽出物含量适中，未见明显差异。

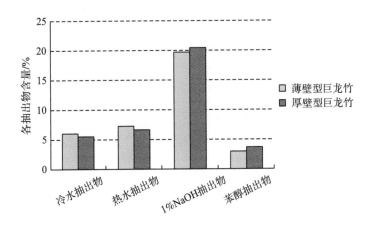

图 6-4　薄壁型和厚壁型巨龙竹各抽出物含量

Fig. 6-4　The extractives in thick-walled and thin-walled types of *Dendrocalamus sinicus*

6.2.5.5　苯醇抽出物

　　苯醇抽出物在制浆业中，通常被称为"树脂"。苯醇抽出物的主要成分为色素、单宁、脂肪酸、树脂酸及酚类化合物等。这类物质在制浆过程中影响化学药品的使用量。由表 6-1 可知，厚壁型巨龙竹苯醇抽出物含量为 3.73%，薄壁型巨龙竹苯醇抽出物含量为 2.91%，二者相差 0.82%。

　　从纵向分布来看，苯醇抽出物含量并不会随着生长高度的变化而规律性变化。

对比薄壁型和厚壁型巨龙竹各部位苯醇抽出物含量测量结果可以看出，二者最大值均出现在梢部，薄壁型巨龙竹为 4.84%，厚壁型巨龙竹为 4.05%；薄壁型和厚壁型巨龙竹中部苯醇抽出物含量分别为 2.16% 和 3.18%，相差近 1%；薄壁型和厚壁型巨龙竹根部苯醇抽出物含量分别为 1.74% 和 3.97%，差值大于 2%。

6.2.6　化学成分的统计分析

薄壁型和厚壁型巨龙竹化学成分的统计分析结果详见表 6-2。经独立样本 T 检验，结果显示，薄壁型和厚壁型巨龙竹的灰分含量和苯醇抽出物含量的差异具有统计学意义。薄壁型巨龙竹的灰分含量平均为 2.96%±0.31%，低于厚壁型巨龙竹的 4.28%±0.28%；薄壁型巨龙竹苯醇抽出物含量平均为 2.91%±0.89%，低于厚壁型巨龙竹的 3.73%±1.03%；两者的 P 值均小于 0.05，达到显著水平。其他化学成分略有差异，但均无统计学意义。

表 6-2　薄壁型和厚壁型巨龙竹化学成分统计分析结果

Tab. 6-2　The statistical analysis of thick-walled and thin-walled types of Dendrocalamus sinicus

测定项目	薄壁型		厚壁型		T	P
	N	Mean±SD/%	N	Mean±SD/%		
灰分	12	2.96±0.31	12	4.28±0.28	−10.95	<0.0001*
木质素	12	24.53±5.43	12	26.12±5.60	−0.71	0.4875
综纤维素	12	70.67±8.96	12	71.01±8.58	−0.09	0.9252
多戊糖	12	14.61±4.32	12	15.96±3.84	−0.81	0.4271
冷水抽出物	12	5.98±2.10	12	5.52±2.13	0.53	0.5996
热水抽出物	12	7.30±2.37	12	6.60±2.34	0.73	0.4742
1%NaOH 抽出物	12	19.75±6.67	12	20.43±7.24	−0.24	0.8131
乙醚抽出物	12	0.35±0.10	12	0.34±0.12	0.22	0.8265
苯醇抽出物	12	2.91±0.89	12	3.73±1.03	−2.09	0.0487*

注：* 差异有统计学意义。

6.3　本　章　小　结

（1）灰分：薄壁型和厚壁型巨龙竹灰分含量分别为 2.96% 和 4.28%。纵向对比厚壁型和薄壁型巨龙竹灰分含量发现：两者灰分含量基本随着生长高度而变大，梢部的灰分含量最高，分别为 4.43% 和 4.99%。

(2) 木质素：薄壁型和厚壁型巨龙竹木质素含量分别为 24.53%和 26.12%，两者含量相差 1.59%，差异不明显。

(3) 综纤维素：薄壁型和厚壁型巨龙竹综纤维素含量分别为 70.33%和 71.01%，厚壁型及薄壁型巨龙竹棕纤维含量适中，两者相差较小。从竹秆纵向分布来看，厚壁型和薄壁型巨龙竹综纤维素含量最高为中部，分别为 72.09%和 70.97%，相差 1.12%，其次是梢部，最低部位为根部。

(4) 多戊糖：厚壁型巨龙竹含量为 15.96%；薄壁型巨龙竹含量为 14.61%。按照竹秆位置由低到高，厚壁型巨龙竹多戊糖含量分别为 16.32%、15.47%、16.08%，根部含量最高；薄壁型巨龙竹分别为 14.32%、14.07%、15.43%，梢部含量最高。总体而言，多戊糖在两种竹材中未显示明显的分布规律。

(5) 抽出物：薄壁型与厚壁型巨龙竹冷水抽出物含量分别为 5.98%和 5.52%；热水抽出物含量分别为 7.30%和 6.60%；两者冷水抽出物和热水抽出物含量在纵向分布上未出现规律性。薄壁型与厚壁型巨龙竹 1%NaOH 抽出物含量分别为 19.75%和 20.43%；乙醚抽出物含量分别为 0.35%和 0.34%，两者差异很小。薄壁型和厚壁型巨龙竹苯醇抽出物含量分别为 2.91%和 3.73%。

竹材的化学成分是其主要性质之一，对竹材的材性及加工利用有着重要影响，是开展原料利用、设计生产工艺路线、制订生产条件的基本重要依据。从化学成分测定结果看，除灰分、苯醇抽出物含量外，薄壁型和厚壁型巨龙竹化学成分含量差异较小，未见明显区分。木质素含量低于云南甜竹及木本原料，略高于麦草含量。综纤维素含量略低于参比的云南甜竹、毛竹及桉树，但差异不大。各抽出物的含量低于草本纤维材料。综上所述，薄壁型和厚壁型巨龙竹完全满足制浆造纸工业对原料的要求，是一种优质的造纸工业原料。

第7章 云南甜竹细胞壁化学成分

中国是世界竹类资源最丰富的国家，开发利用丰富的竹材资源具有重要的经济和生态价值。云南甜竹［*Dendrocalamus brandisii*（Munro）Kurz］是世界著名的三大甜龙竹之一，其竹材通直，节平，坚韧、弹性强，可供编织、家具等用，较大的径材可供竹胶合板、竹装饰板及竹浆造纸等用，是极具开发利用价值的大型优良笋材两用丛生竹(杜凡，2003)。开展云南甜竹化学组成、纤维形态和理化性能等研究，一方面，可以综合掌握云南甜竹的整体性能，为将来产业化开发奠定必要的理论研究基础；另一方面，可以进一步提高人们对我国丰富的丛生竹资源的关注度，在一定程度上缓解长期以来由于过度依赖毛竹资源而给我国竹产业造成的原料压力；同时，开展类似于云南甜竹的众多大型竹材的研究开发，也能为我国木材加工业、制浆造纸业等带来新的发展机遇，对解决国内木材供需矛盾、保护木材资源均具有积极作用。

本章选取云南甜竹秆材为试材，对其化学成分及其在竹秆中的分布规律进行初步研究，旨在为其在竹浆纸生产中的应用提供基础科学依据。

7.1 材料与方法

云南甜竹秆材细胞壁化学成分测定方法与第6章6.1节所述相同。

7.2 结果与讨论

云南甜竹秆材细胞壁化学成分测定结果见表7-1。

表 7-1　云南甜竹及其他参比纤维原料化学成分（%）

Tab. 7-1　The chemical composition of *Dendrocalamus brandisii*

and other compared fibrous material（%）

纤维原料种类	部位	灰分	木质素	综纤维素	多戊糖	冷水抽出物	热水抽出物	1%NaOH抽出物	乙醚抽出物	苯醇抽出物
云南甜竹	梢部	2.36	22.75	75.64	16.06	6.41	9.12	20.68	0.41	3.22
	中部	0.55	31.99	74.21	14.51	7.93	10.47	21.71	0.37	4.25
	根部	0.46	26.51	69.02	15.96	8.17	8.45	22.40	0.26	2.92
	均值	1.12	27.08	72.96	15.51	7.50	9.35	21.60	0.35	3.46
龙竹	梢部	1.09	24.52	70.73	15.79	9.43	11.03	25.09	0.41	2.65
	中部	1.16	25.15	67.14	16.40	14.40	13.84	28.26	0.39	7.34
	根部	2.73	21.93	65.05	15.44	10.00	10.57	28.38	0.51	4.41
	均值	1.66	23.87	67.64	15.88	11.28	11.81	27.24	0.44	4.80
毛竹	梢部	1.20	23.28	75.22	18.08	4.34	4.06	23.19	0.39	2.25
	中部	1.85	24.43	74.94	16.99	2.22	1.84	22.95	0.05	1.94
	根部	0.92	22.49	72.61	16.77	3.02	4.68	21.47	0.24	1.33
	均值	1.32	23.40	74.26	17.28	3.19	3.53	22.54	0.23	1.84
马尾松		0.33	28.42	—	8.54	2.21	6.77	22.87	4.43	—
桉木		0.29	27.45	77.80	10.27	2.01	3.30	12.67	—	1.98
杨木		0.23	17.10	—	22.61	1.38	2.46	15.61	0.23	—
麦草		6.04	22.34	—	25.56	5.36	23.15	44.56	—	0.51

注：表中，龙竹和毛竹的数据引自《云南甜竹化学成分分析》（史正军等，2009b）；马尾松、桉木、杨木、麦草的相关数据均引自《植物纤维化学》（杨淑惠，2005）。

7.2.1　灰分

3～5 年生云南甜竹灰分含量为 1.12%，略低于参比竹种毛竹、龙竹，远低于麦草的灰分含量（6.04%），高于资料报道的马尾松、桉木、杨木的灰分含量。如图 7-1 所示，云南甜竹灰分从竹秆根部到梢部呈递增分布，梢部的灰分含量最高，达 2.36%。究其原因，可能是随着竹龄增长，矿物质和硅化细胞在竹壁表层（即竹青）不断积累而使得竹青具有高灰分含量，而云南甜竹梢部直径小于其根部和中部的直径，梢部竹青部分厚度所占竹壁厚度的百分比大而造成的。

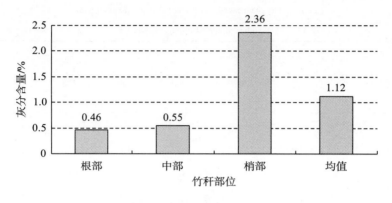

图 7-1   云南甜竹灰分分布

Fig. 7-1   The ash distribution in *Dendrocalamus brandisii*

　　灰分是竹子纤维经过灼烧后残留的无机物，为各种矿物元素的氧化物，主要元素有 Ca、Mg、K、Na、Si、P、Fe、Al、I 等，此外，尚有微量元素，总数不少于 60 种(杨淑惠，2005)。在制浆过程中，灰分质量分数高会影响碱液回收，并造成污染。因此，若以云南甜竹作为制浆原料，应尽可能将竹梢部分去除或将其单独分离处理。

7.2.2 木质素

　　从实验结果看，云南甜竹木质素的平均含量为 27.08%，略高于参比竹种毛竹和龙竹，低于马尾松。木质素在云南甜竹根、中、梢各部分布不同，但未表现出明显的规律性。有关学者分析，竹材的木质素含量一般为 19%～25%，少数在 25%以上(杨淑惠，2005)，据此可以认为云南甜竹属于木质素含量较高的竹种之一。

　　木质素是苯丙烷基衍生物通过碳碳键和醚键聚合而成的三维结构天然高分子化合物，竹材木质素由松柏醇、芥子醇和对香豆醇脱氢聚合而成(杨淑惠，2005)。竹子用作造纸原料时，木质素含量的高低对生产工艺有十分重要的影响，它是制订合理蒸煮条件与漂白工艺的重要依据，木质素质量分数高，蒸煮困难，消耗的化学药品也相对较多(谢来苏和詹怀宇，2001)。可见，若仅就木质素含量而言，云南甜竹的制浆化学药品耗量与针叶材接近，而高于草类原料。

7.2.3 综纤维素

　　综纤维素是指纤维原料中碳水化合物的全部，包括纤维素和半纤维素。由于纤维素含量的测定存在着一定的不足，分析结果不能正确反映纤维的真实性，因而选择测定综纤维素含量来表示原料的使用价值更为适宜（屈维钧，1990）。此外，综纤维素含量也是衡量该植物作为制浆造纸或水解工业原料的重要经济指标，其含量越高，可达到的纸浆得率也越高。

云南甜竹的综纤维素含量为 72.96%，与毛竹和桉木接近，比龙竹高。从竹秆纵向部位看，云南甜竹从根部到梢部，综纤维素含量呈现出逐渐升高的趋势，且递增规律明显。这一结果与西南林学院杜凡和张宏健（1998）报道的云南甜竹竹秆从基部到梢部维管束密度和纤维比量逐步递增规律是一致的。

7.2.4　多戊糖

云南甜竹的多戊糖含量为 15.51%，高于马尾松和桉木，与毛竹、龙竹接近，而远低于麦草和杨木。在竹材秆高方向，多戊糖分布略有差异，但是无明显规律可循。

多戊糖为一类半纤维素，是由木糖、阿拉伯糖等五碳糖构成的高聚物的混合物，其含量可以间接用来衡量竹材半纤维素的含量。半纤维素在制浆造纸过程中可以被充分利用，其在打浆时容易水化，促进纤维间的交织，一定量半纤维素的存在，可以增加纤维的结合度，纸张的机械强度也相应较好（吴炳生等，1995）。云南甜竹中适量多戊糖的存在，对于将其用作纸浆原料是有益处的。

7.2.5　抽出物

抽出物即非细胞壁物质，主要存在于活组织的细胞内外液中，有可溶性糖、淀粉、果胶质、树胶、蛋白质、氨基酸、生物碱、脂肪、蜡、甾醇、树脂、香精油、丹宁、木酚素、醇类、色素、有机酸和电解质等。这些非细胞壁物质，因极性、酸碱性和分子量的不同，在不同溶剂中的溶解度各不相同（杨淑惠，2005）。

7.2.5.1　冷水抽出物

冷水抽出物的主要成分是单糖、低聚糖，以及少量单宁、氨基酸、水溶性色素、生物碱和无机盐等，属强极性、亲水性的低分子化合物。云南甜竹冷水抽出物含量为 7.05%，比龙竹低，而高于毛竹、马尾松、桉木、麦草等其他参比对象。

7.2.5.2　热水抽出物

热水抽出物的主要成分除包含冷水抽出物（且量更多）外，还含有淀粉、树胶等多糖类，属亲水性物质。云南甜竹热水抽出物含量为 9.35%，同样比龙竹低，而高于毛竹、马尾松、桉木等参比对象。

7.2.5.3   1% NaOH 抽出物

1%NaOH 抽出物除包含热水抽提物(且量更多)外，还含有脂肪酸及部分被碱降解成较小分子的半纤维和木质素等亲水性物质。云南甜竹 1%NaOH 抽出物含量为 21.60%，比毛竹和龙竹低，这可能是云南甜竹中低分子多戊糖和低分子木质素含量少所致。

7.2.5.4   乙醚抽出物

乙醚抽出物主要成分为脂肪、蜡、树脂、精油、甾醇等极性有机物质，统称为脂类化合物。云南甜竹的乙醚抽出物为 0.35%，与龙竹、毛竹、杨木等差别不大。

7.2.5.5   苯醇抽出物

苯醇抽出物主要成分除包含乙醚抽出物外，还含有单宁、色素、脂肪酸等弱极性和中等极性物质。在制浆业中，常称苯醇抽出物为"树脂"，此类物质的存在常增加蒸煮时化学药品的消耗。云南甜竹的苯醇抽出物为 3.46%，比毛竹、桉木和麦草高，而低于龙竹，说明云南甜竹中含有较多的蜡质、树脂酸和脂肪酸等物质。

7.3   本 章 小 结

(1)灰分：云南甜竹灰分含量为 1.12%，略低于参比竹种毛竹、龙竹，远低于麦草的灰分含量(6.04%)，高于马尾松、桉木、杨木的灰分含量；从灰分在竹秆的纵向分布来看，云南甜竹灰分从竹秆根部到梢部呈递增分布，梢部的灰分含量最高，达 2.36%。

(2)木质素：云南甜竹木质素的平均含量为 27.08%，略高于参比竹种毛竹和龙竹，而比马尾松低。云南甜竹木质素含量比常见木材略为偏高(有关学者分析，竹材的木质素含量一般为 19%～25%，少数在 25%以上)，属于木质素含量较高的竹种之一。木质素在云南甜竹根、中、梢各部分布不同，但未表现出明显的规律性。

(3)综纤维素：云南甜竹的综纤维素含量为 72.96%，与毛竹、桉木接近，比龙竹高。从竹秆纵向部位看，云南甜竹从根部到梢部，综纤维素含量呈现出逐渐升高的趋势，且递增规律明显。

(4)多戊糖：云南甜竹的多戊糖含量为 15.51%，高于马尾松和桉木，与毛竹、龙竹接近，而远低于麦草和杨木。在竹材秆高方向上，多戊糖分布略有差异，但是无明显规律可循。

(5)抽出物：云南甜竹冷水和热水抽出物含量为 7.50% 和 9.35%，比龙竹低，而高于毛竹、马尾松、桉木、杨木和麦草等其他参比对象；1%NaOH 抽出物含量为 21.60%，比毛竹和龙竹低；乙醚抽出物为 0.35%，与龙竹、毛竹、杨木等差别不大；苯醇抽出物为 3.46%，比毛竹、桉木和麦草高，而低于龙竹，说明云南甜竹中具有含有较多的蜡质、树脂酸和脂肪酸等物质。

从化学成分测定结果看，云南甜竹综纤维素含量高，与毛竹、桉木等常用造纸原料接近，木质素含量虽略高于参比竹种，但比针叶材低，灰分含量低于常见非木材纤维类原料，抽出物含量少，完全满足制浆造纸工业对原料的要求，是一种优质的造纸工业原料。

第二篇
丛生竹材细胞壁主要成分分离纯化及分子结构

第8章 巨龙竹半纤维素分离纯化及结构表征

半纤维素是自然界赋予人类的一种宝贵的可再生天然有机高聚物,其在植物中的含量仅次于纤维素。在学术界,对半纤维素的定义是:植物细胞壁中可溶于水或碱性水溶液的聚糖(Gatenholm and Tenkanen,2003)。因此,半纤维素并不是一种单一的物质,而是一类聚糖的统称(Timell,1965)。植物细胞壁中的半纤维素通常具有支链结构,其聚合度一般在 80~200,分子式可表示为 $(C_5H_8O_4)_n$ 和 $(C_6H_{10}O_5)_n$,可分别被称为聚戊糖和聚己糖(Sun et al.,1996b)。组成植物半纤维素的主要糖单元是 D-木糖、L-阿拉伯糖、D-葡萄糖、D-半乳糖、糖醛酸(葡萄糖醛酸和半乳糖醛酸)。研究表明,半纤维素具有非常广泛的用途,其降解后得到的单糖可以被转化成为糠醛、木糖醇、乙醇、乙酸等大宗工业原料(Timell,1965;Gatenholm and Tenkanen,2003)。同时,半纤维素也可以通过酯化、醚化、接枝共聚、交联等多种改性方式,制备多种半纤维素基材料,如膜材料、水凝胶、气凝胶、药物载体等(Smart and Whistler,1949;Thicbaud and Borredon,1998;Sun et al.,1999 a,2004 a;Petzold et al.,2006;Ren et al.,2009;Peng et al.,2012;Rivas et al.,2013)。

现有研究表明,巨龙竹秆材高大、生长速度快、纤维形态好、主要组分含量可与针叶材媲美,在制浆造纸、人造板材和生物炼制等工业领域表现出极高的研究开发价值。但由于被发现时间较晚,分布地区科技文化相对落后,目前对巨龙竹基本化学性质了解还远远不够,其潜在开发利用价值未能得以真正实现。在化石资源日趋紧张,生物质资源利用研究日益受到重视的大背景下,开展包括巨龙竹细胞壁主要组分化学结构、组分之间化学构效关系在内的基本科学问题研究,系统掌握巨龙竹基础化学性质,为巨龙竹资源高值化利用奠定可靠科学研究基础,具有重要的科学研究意义和实际应用价值。

在本章中,应用酸性乙醇、碱性乙醇及碱性水溶液连续抽提的处理方式,从竹材中提取得到 5 个半纤维素样品。采用湿法化学和现代仪器分析技术相结合的方法对竹材半纤维素样品进行了结构表征研究,最终推导出巨龙竹秆材细胞壁半纤维素的化学结构。

8.1 材料与方法

8.1.1 实验材料

实验用的巨龙竹为 3 年生竹材，采自云南省临沧市沧源佤族自治县。竹子秆材风干后切成小块，粉碎，过筛，不同粒径原料分别收集，干燥后保存。取 40～60 目过筛的竹子样品，于索氏抽提器中用甲苯：乙醇(2∶1，*V/V*)抽提 6h，去除抽提物。抽提后的竹子原料在 50℃烘箱中干燥 16h，存于干燥器中，备实验分析之用。巨龙竹样品中化学组成按美国国家可再生能源实验室标准方法测定(Sluiter et al.，2008)，测定结果列于表 8-1。

表 8-1 脱蜡后巨龙竹原料的化学组成

Tab. 8-1 The chemical composition of dewaxed *Dendrocalamus sinicus* material

化学组成	含量 /%
纤维素(以葡萄糖含量计)	44.5
半纤维素单糖组分	17.6
木糖	14.3
阿拉伯糖	0.2
半乳糖	0.4
鼠李糖	1.6
甘露糖	0.1
葡萄糖醛酸	0.9
半乳糖醛酸	0.1
Klason 木质素	25.0
酸溶木质素	3.6
灰分	3.5

8.1.2 半纤维素分离纯化

为了在不改变化学结构特征的前提下尽可能多地从巨龙竹秆材中分离出半纤维素聚糖，本实验设计了以下半纤维素分离提取方案：首先，依次用 80%酸性乙醇(含 0.025mol/L HCl)、80%碱性乙醇(含 0.5%NaOH)、碱性水溶液(含 2.0%、5.0%、8.0%NaOH)在 75℃条件下分步抽提经脱蜡处理的竹材样品(40～60 目)，每步抽提时间为 4h，固液比控制为 1∶25(g∶mL)；随后，冷却、过滤抽提混合液，并用

6mol/L HCl 中和滤液，调节 pH 至 5.5；接着，减压浓缩滤液至体积约为 30mL，并将滤液缓慢倒入 3 倍体积伴有磁力搅拌的 95%乙醇中，析出半纤维素聚糖；最后，离心分离得到粗半纤维素，用 70%乙醇溶液反复洗涤后冷冻干燥，即得到精制半纤维素样品。样品保存于干燥器中备分析检测用。本实验中，80%酸性乙醇（含 0.025mol/L HCl）、80%碱性乙醇（含 0.5% NaOH）和碱性水溶液（含 2.0%、5.0%、8.0% NaOH）分步提取得到的巨龙竹半纤维素样品分别标记为 H_1、H_2、H_3、H_4 和 H_5。所有实验都重复两次操作，实验标准偏差小于 4.6%。半纤维素得率按产物占原料百分比计算（图 8-1）。

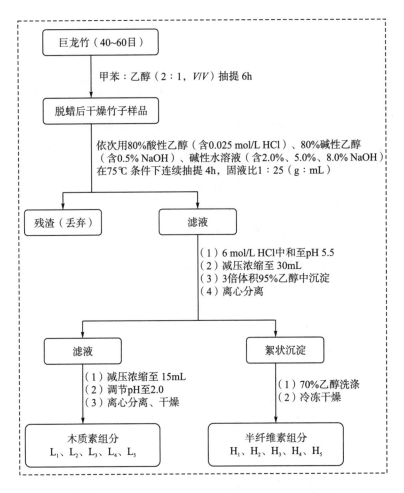

图 8-1　巨龙竹半纤维素组分提取分离流程示意图

Fig. 8-1　Scheme for extraction of polysaccharide fractions from *Dendrocalamus sinicus*

8.1.3　半纤维素结构表征

8.1.3.1　半纤维素分子质量测定

竹材半纤维素样品的重均分子质量(M_w)和数均分子质量(M_n)用凝胶色谱(GPC)测定，所用仪器为 Agilent 1200 型 HPLC。测定条件简述如下：准确称取 4mg 半纤维素样品，溶解在 2mL pH 为 7.5 的磷酸钠盐缓冲溶液(含 0.02mol/L 的 NaCl)中，过滤后进 Aquagel-OH 色谱柱(300mm×7.7 mm，Polymer Laboratories Ltd.)，进样量 10μL，流速设定为 0.5mL/min，柱温为 30℃。采用 pullulan 作为标准样品，4 种多糖标样的分子质量分别为：783g/mol、12 200g/mol、100 000g/mol 和 1 600 000 g mol。

8.1.3.2　半纤维素糖组成分析

半纤维素的糖单元组成采用稀酸水解法测定，用高效阴离子交换-脉冲安培检测仪(HPAEC-PAD)进行分析。实验步骤简述如下：准确称取半纤维素组分 5.0mg，在室温下加入 0.125mL 72%的硫酸进行浸渍；之后加 1.35mL 超纯水稀释至 1.475mL，密闭水解瓶，置于 105℃烘箱中水解 2.5h，水解期间，每隔 0.5h 振荡一次；水解结束后，将小瓶从烘箱移出，自然冷却后用 0.22μm 水系滤头过滤，去除不溶物；此后，用超纯水将滤液稀释 50 倍，移取 1.5mL 进离子交换色谱仪进行分析测定(ICS-3000，Dionex，美国)。

Dionex ICS-3000 测定条件为：选用 Carbopac^{TM} PA1 阴离子交换色谱柱(4mm×250mm)，配备脉冲安培检测器(CAD)、AS50 自动进样器。实验用水均为超纯水。实验中，为防止淋洗液吸收空气中的 CO_2，淋洗液配制完毕后和实验过程中采用 42～56kPa 的氮气保护。采用 L-阿拉伯糖、D-葡萄糖、D-木糖、D-半乳糖、D-甘露糖、L-鼠李糖、D-葡萄糖醛酸和 D-半乳糖醛酸的标准溶液进行校准。6 种单糖标样采用 18mmol/L NaOH 等浓度分离，分离时间为 45min，流速为 0.5mL/min，2 种糖醛酸分离则用 0.4mol/L NaOH 等浓度分离，分离时间为 20 min，流速为 1.0mL min。所有样品都重复两次测定，最终结果取两次测定的平均值。

8.1.3.3　半纤维素红外光谱分析

半纤维素样品的红外光谱分析在 Tensor 27(德国布鲁克 Bruker 公司)型红外吸收光谱仪上进行。采用 KBr 压片法，样品均匀分散于 KBr 中，浓度为 1%。扫描波长范围 4000～400cm^{-1}，扫描次数设为 32 次，分辨率 2cm^{-1}，在透射模式下采集数据。

8.1.3.4　半纤维素核磁共振分析

竹材半纤维素样品的核磁共振图谱采用布鲁克 400M 超导核磁共振仪进行测定，工作温度设定为 25℃。^{1}H 谱用 20mg 的半纤维素溶于 1.0mL 的氘代 D_2O 中。采样条件如下：采样时间为 3.98s，弛豫时间为 1.0s，累积采样 128 次。图谱用 4.7ppm 的溶剂峰进行校正。^{13}C 谱用 80mg 样品溶于 1.0mL 的 D_2O 中，采样条件设定为：采用 30 度脉冲序列，采样时间为 1.36s，弛豫时间为 1.89s，累积采样次数为 30 000 次。称取 60mg 半纤维素样品进行二维异核单量子碳氢相关核磁共振 (HSQC-NMR) 分析测定，HSQC-NMR 测定条件如下：溶剂为 D_2O，弛豫时间为 1.5s，0.17s 采样时间，累积采样 128 次，256 增加量，即 128×256。数据处理采用布鲁克自带 Topspin-NMR 软件进行分析。

8.2　结果与讨论

8.2.1　半纤维素得率

在传统的生产过程中，为了大规模分离提取半纤维素，人们会先用二氧化氯或次氯酸钠等氧化剂处理植物纤维原料，以去除原料中的木质素，得到富含纤维素和半纤维素的综纤维素，然后再用各种溶剂从中分离提取半纤维素 (Timell and Jahn，1951；Yang and Goring，1978；Fengel et al.，1989)。然而，在脱木质素的过程中，不可避免地会造成半纤维素的氧化降解，减少半纤维素的收率 (Aspinall et al.，1961)。而且，正如第 7 章所分析，半纤维素不是一种单一聚糖，而是一类聚糖的复合物，一种方法一个步骤仅能抽提出其中一部分半纤维素 (Morrison，1974)。所以，选用先缓和、后逐渐增加抽提强度的程序分步抽提多个半纤维素组分，方能系统解析植物细胞壁中半纤维素的化学组成及其结构特征。本研究先用 80% 酸性乙醇 (含 0.025mol/L HCl)、80% 碱性乙醇 (含 0.5% NaOH) 分两步抽提脱蜡后的巨龙竹原料，得到 2 个醇溶性半纤维素组分 (H_1、H_2)；然后，再依次用 2.0%、5.0% 和 8.0% NaOH 溶液分三步抽提醇抽提后的竹材，得到 3 个碱溶性半纤维素组分 (H_3、H_4、H_5)。从表 8-2 可以看出，酸性乙醇、碱性乙醇和碱性水溶液 (2.0%、5.0%、8.0% NaOH) 连续抽提分别得到占原料干重 1.4%、1.0%、3.3%、6.0% 和 4.9% 的半纤维素。多步骤抽提一共得到占原料干重 16.6% 的半纤维素，如果按巨龙竹原料中半纤维素含量的百分比来计算，本实验五步抽提的半纤维素得率高达 94.5%。说明本实验所设计的抽提方案是一种十分有效的半纤维素分离提取方法。

表 8-2　巨龙竹可溶性半纤维素组分的得率

Tab. 8-2　Yield of hemicellulosic fractions（% dry matter，*w/w*）solubilized during the successive treatments of Dendrocalamus sinicus with ethanol and alkaline aqueous solutions

半纤维素组分(溶剂)	得率(%干物质，*w/w*)
H_1(含 0.025 mol HCl 的 80%乙醇溶液抽提)	1.4
H_2(含 0.5% NaOH 的 80%乙醇溶液抽提)	1.0
H_3(2.0% NaOH 水溶液抽提)	3.3
H_4(5.0% NaOH 水溶液抽提)	6.0
H_5(8.0% NaOH 水溶液抽提)	4.9
可溶性半纤维素总得率	16.6

从表 8-2 可以注意到，80.7%的竹材半纤维素是被 NaOH 水溶液连续抽提而得到的，这说明碱在半纤维素溶解过程中发挥着至关重要的作用。大部分研究者认为，碱液对半纤维素的溶解能力源自碱液中的氢氧根离子的作用，因为氢氧根离子能够有效地润胀细胞壁中的微细纤维，打断纤维素与半纤维素之间的氢键，同时水解木质素与半纤维素之间的化学键，从而能有效地将分布于细胞壁微细纤维之间的半纤维素溶解出来。所以可以认为，本研究所得到的 5 个半纤维素样品是在不同强度的碱液润胀作用下，从巨龙竹细胞壁不同层次溶解而得的。这些半纤维素样品可以代表巨龙竹秆材细胞壁中半纤维素的结构特征。

8.2.2　半纤维素分子质量

一般来说，半纤维素分子质量的大小取决于所用的分离方法(Morrison，1974)。在本实验中，采用 GPC 对巨龙竹 5 个半纤维素样品的重均分子质量(M_w)、数均分子量(M_n)和分子质量多分散性(M_w/M_n)进行了测定，测定结果见表 8-3。从表 8-3 中可以看出，2 个醇溶性的半纤维素样品的分子质量(17 380~19 620g/mol)小于 3 个碱溶性半纤维素的分子质量(22 510~42 150g/mol)。这说明了醇溶性半纤维素分子量较碱溶性半纤维素的小。这与 Sun 等(1998)采用类似方法从麦草中提取得到的半纤维素分子质量变化情况基本一致。同时，研究还发现，随着抽提液中碱浓度不断提高，半纤维素样品的分子质量先是逐渐增加，而到达一个最大值后，分子质量开始缓慢减低，这说明碱度过高可能会引起半纤维素组分的碱性降解(Wen et al.，2011)。

表 8-3　巨龙竹半纤维素组分的重均分子质量(M_w)、
数均分子质量(M_n)和多分散性(M_w/M_n)

Table 8-3　Weight-average (Mw) and number-average (M_n) molecular weights and polydispersity (M_w/M_n) of the hemicellulosic fractions isolated from *Dendrocalamus sinicus*

	半纤维素				
	H_1	H_2	H_3	H_4	H_5
M_w	17380	19620	22510	42150	41260
M_n	8670	15650	16750	25640	37320
M_w/M_n	2.0	1.3	1.3	1.6	1.1

　　分子质量的分布图(图 8-2)可以很直观地反映出聚合物分子质量分布的差异性(Hoffmann et al., 1991；Gruppen et al., 1992)。从图 8-2 中可以看出，酸性乙醇可溶性半纤维素样品(H_1)的分子质量主要分布在低分子质量区域，且呈双峰分布趋势；碱性乙醇可溶性半纤维素样品(H_2)的分子质量分布也有两个隐约的峰；然而，3 个碱溶性的半纤维素样品(H_3、H_4、H_5)只有一个分子质量分布峰。这表明 H_1 和 H_2 可能含有两个分子质量大小有差异的半纤维素组分(抑或表明 H_1 和 H_2 可能含有小分子质量的可溶性淀粉)；相反，碱溶性半纤维素(H_3、H_4、H_5)可能仅由分子质量均一的单一组分构成。

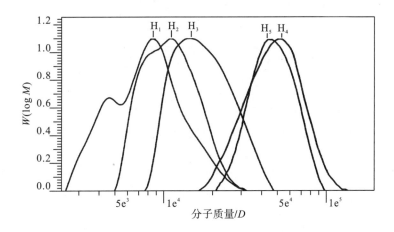

图 8-2　巨龙竹半纤维素组分分子质量分布图

Fig. 8-2　Molecular weight distributions of hemicellulosic fractions isolated from
Dendrocalamus sinicus

8.2.3 半纤维素化学组成

半纤维素由聚戊糖和聚己糖两类聚糖组成，组成半纤维素大分子的基本糖单元包括 L-阿拉伯糖、D-葡萄糖、D-木糖、D-鼠李糖、D-甘露糖、D-半乳糖，以及少量的葡萄糖醛酸和半乳糖醛酸。巨龙竹半纤维素酸水解产物的糖单元组成见表 8-4。醇溶性半纤维素大分子的糖组成包括 34.7%～39.0%木糖、29.7%～32.3%葡萄糖、16.6%～20.2%半乳糖和 4.2%～4.5%的糖醛酸（主要是 4-O-甲基葡萄糖醛酸）。从糖分析数据可以看出，醇溶性半纤维素含有相当量的葡萄糖。根据现有的研究判断，半纤维素水解中的葡萄糖可能来源于淀粉和 β-葡聚糖 (Wilkie and Woo，1976)。因此，从上述糖分析结果可以初步认为巨龙竹醇溶性半纤维素可能是由聚木糖、淀粉和 β-葡聚糖所组成。碱溶性半纤维素样品（H_3、H_4、H_5）的酸水解产物比较单一，主要为木糖（85.9%～87.9%），同时含有少量阿拉伯糖（7.2%～8.6%）和糖醛酸（1.3%～2.8%），葡萄糖含量非常少。说明这三个半纤维素样品的主要组分应该为聚阿拉伯糖木糖。这与前人对竹材细胞壁半纤维素组分的分析结果是非常相符的 (Fengel et al.，1984；Yoshida et al.，1998)，同时，也与本书第 9 章对云南甜竹半纤维素化学组成的研究结果相一致。

表 8-4　巨龙竹半纤维素组分的中性糖和糖醛酸组成

Table 8-4　Contents of neutral sugars and uronic acids in the isolated hemicellulosic

fractions from *Dendrocalamus sinicus*

	半纤维素组成(%半纤维素样品，w/w)				
	H_1	H_2	H_3	H_4	H_5
阿拉伯糖	20.2	16.6	8.6	8.1	7.2
半乳糖	9.0	8.0	2.4	0.5	0.7
葡萄糖	29.7	32.3	1.8	0.8	2.3
木糖	34.7	39.0	85.9	87.9	87.6
葡萄糖醛酸	3.8	4.2	1.3	2.3	1.9
半乳糖醛酸	0.7	ND[a]	0.1	0.5	0.4
总糖醛酸	4.5	4.2	1.3	2.8	2.3
木糖/阿拉伯糖	1.7	2.4	10.0	10.8	12.2
木糖/总糖醛酸	7.8	9.2	66.1	31.4	38.1

[a] ND，未检测出。

大部分竹材都含有一定量的淀粉，这是竹材容易引起虫害的最主要原因。为了确认提取得到的 5 个巨龙竹半纤维素样品是否有淀粉，本研究用碘化钾淀粉试纸对所有半纤维素样品进行了检测。分析结果证明，醇溶性半纤维素样品中确实含有淀粉，而碱溶性半纤维素样品中则没有检测出淀粉。这与第 9 章对云南甜竹的半纤维素的分析结果稍有不同，在第 9 章中，云南甜竹 9 个半纤维素样品全部检测出淀粉。导致这一差异的原因既可能是两种竹材淀粉含量不一致，也可能是两种抽提方法对淀粉的溶解能力不同。

尽管大部分禾草类植物细胞壁中都含有聚阿拉伯糖木糖这一半纤维素聚糖，但这一聚糖在不同植物中的化学结构不尽相同。不同植物中聚阿拉伯糖木糖的侧链、侧链的连接方式、连接位置等差异很大(Chaikumpollert et al.，2004)。一般来说，糖分析产物中木糖与阿拉伯糖的比例越高，则聚阿拉伯糖木糖的线性度越好，支链越少(Wedig et al.，1987)。从表 8-4 可见，H_3、H_4 和 H_5 中木糖/阿拉伯糖值远高于 H_1 和 H_2，说明醇溶性半纤维素多为分支度高的聚糖组分，而碱溶性半纤维素组分则多为线性度高的聚糖组分。当然，仅依靠表 8-4 中酸水解产物的糖组分是不足以判定半纤维素的详细化学结构特征的，只有结合红外、核磁等波谱学分析手段，才能系统表征半纤维素聚糖的化学结构特征。

8.2.4　半纤维素红外光谱分析

红外光谱分析技术在研究植物细胞壁多糖的化学官能团方面非常有用。若将红外光谱和其他分析手段进行联用(如热重-红外联用、质谱-红外联用、气象色谱-红外联用等)，则能在多糖的结构测定中会起到更加强大的作用。本实验中得到的五个巨龙竹半纤维素样品的红外光谱如图 8-3 所示。从图 8-3 可以看出，5 个半纤维素样品的红外光谱非常相似，都表现出典型的半纤维素聚糖红外光谱特征。显然，红外光谱图中 $3402cm^{-1}$ 附近的强吸收峰是 O-H 的伸缩振动峰。$2920cm^{-1}$ 处的吸收峰是由 C-H 伸缩振产生的。红外光谱 $1200\sim800cm^{-1}$ 范围是半纤维素多糖的指纹区(Kačuráková et al.，2000)。在 $1045cm^{-1}$ 处较大的峰是由于 C-O-C 的弯曲振动造成的(Peng et al.，2009)，更为确切地讲，是半纤维素组分聚木糖 C-O-C 的吸收峰。另一个强度不大但特别重要的吸收峰位于 $895cm^{-1}$，这是 β-糖苷键的特征吸收峰，说明竹材半纤维素基本单元(木糖)是通过 β-糖苷键连接的(Sun and Tomkinson，2002)。此外，醇溶性半纤维素样品(H_1、H_2)在 $832\ cm^{-1}$ 处(未标出)有一个很弱的吸收峰，这是 α-糖苷键的特征吸收峰，说明 H_1、H_2 存在淀粉，因为淀粉是 α-型连接的聚糖。这与表 8-4 中糖分析结果相吻合。$1597cm^{-1}$ 处的强吸收峰来自吸附水的弯曲振动(Kačuráková et al.，2000)。

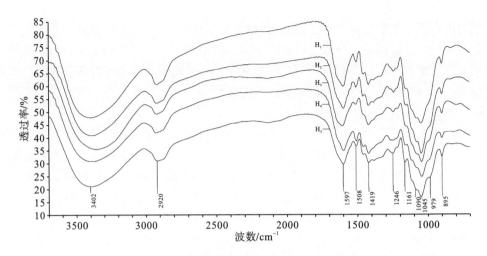

图 8-3　巨龙竹半纤维素组分的红外光谱图

Fig. 8-3　FT-IR spectra of the hemicellulosic fractions isolated from *Dendrocalamus sinicus*

另外的几个峰对理解半纤维素结构特征也具有重要的指导意义。1246cm^{-1} 处的吸收峰来自半纤维素侧链的乙酰基。从图 8-3 可以看出，这个吸收峰随着抽提剂碱浓度增加而逐渐变弱，说明越来越剧烈的抽提条件会逐渐断开连接半纤维素侧链上的乙酰基。半纤维素侧链单元阿拉伯糖的吸收峰发生在 1161cm^{-1} 和 979cm^{-1} 处。1508cm^{-1} 处有一个弱的吸收峰，该峰是由半纤维素样品中残留的木质素引起的。因为在植物细胞中，半纤维素和木质素之间存在着多种化学边连接键，分离某一组分时会不可避免地部分带出另一组分。

8.2.5　半纤维素核磁共振波谱解析

为了进一步研究巨龙竹半纤维素的化学结构特征，本研究采用 ^{1}H-NMR、^{13}C-NMR 和 2D（HSQC）-NMR 表征了半纤维素样品 H$_4$ 的化学结构，核磁共振谱图如图 8-4、图 8-5 和图 8-6 所示。核磁共振谱图中化学位移的归属见表 8-5。

表 8-5　巨龙竹半纤维素组分（H$_4$）HSQC 谱图中的 ^{13}C-^{1}H 相关信号归属

Tab. 8-5　Assignment of ^{1}H/^{13}C cross-signals in the HSQC spectrum of the hemicellulosic fraction H$_4$ isolated from *Dendrocalamus sinicus* with 5.0% NaOH solution

糖单元	NMR	化学位移/ppm							
		1	2	3	4	5eq [a]	5ax [b]	6	OCH$_3$
X [c]	^{13}C	102.32	73.29	74.91	75.91	63.31	63.31	—	—
	^{1}H	4.36	3.20	3.44	3.72	4.00	3.29	—	—

续表

糖单元	NMR	化学位移/ppm							
		1	2	3	4	5eq [a]	5ax [b]	6	OCH₃
A [d]	^{13}C	109.48	80.30	78.36	86.42	61.75	61.75	—	—
	^{1}H	5.22	4.00	3.70	4.16	3.66	—	—	—
U [e]	^{13}C	97.49	70.03	79.30	82.61	72.18	—	177.01	59.52
	^{1}H	5.22	3.57	3.63	3.13	4.22	—	8.40	3.46

a eq，平伏键的氢原子；b ax，直立键的氢原子；c X，(1→4)-β-D-吡喃式木聚糖；d A，α-L-阿拉伯糖；e U，4-O-甲基葡萄糖醛酸。

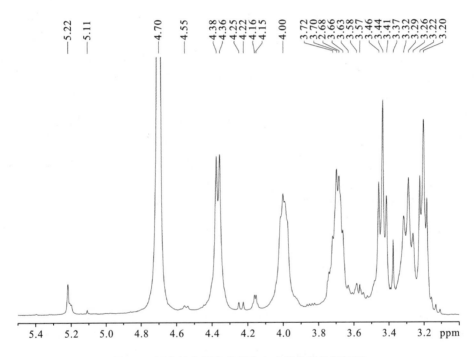

图 8-4　巨龙竹半纤维素组分 (H₄) 的核磁共振氢谱

Fig. 8-4　^{1}H-NMR spectrum of the hemicellulosic fraction H₄ isolated from

Dendrocalamus sinicus with 5.0% NaOH solution

　　图 8-4 是半纤维素样品 H₄ 的核磁共振氢谱。由图 8-4 可见，3.1~5.4ppm 为半纤维素质子的信号峰，其主要由木糖、阿拉伯糖和葡萄糖醛酸 3 种单元的信号组成。信号峰主要分布在 2 个区域，异头质子区域为 4.3~5.6ppm，其中 4.9~5.6ppm 代表 α 构型，4.3~4.9ppm 代表 β 构型，4.7ppm 为溶剂 D₂O 的信号峰，糖环质子区域为 3.0~4.5ppm。具体来说，在 4.36ppm、4.00ppm、3.72ppm、3.44ppm、3.29ppm、3.20ppm 处的信号峰分别由 β-D-木糖 H-1、H-5eq、H-4、H-3、H-5ax 和 H-2 引起。

几个较弱的峰 5.22ppm(H-1)、4.16ppm(H-4)、4.00ppm(H-2)、3.70ppm(H-3)和 3.66ppm(H-5)ppm 源自半纤维素中的 α-L-阿拉伯糖单元。4-O-甲基-α-D-葡萄糖醛酸的信号出现在 5.22ppm(H-1)、4.22ppm(H-5)、3.63ppm(H-3)、3.57ppm(H-2)和 3.13ppm(H-4)(Vignon et al.,1998)。

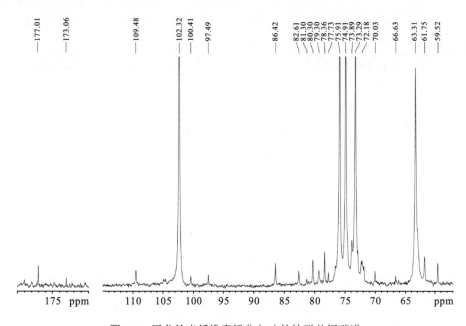

图 8-5 巨龙竹半纤维素组分(H₄)的核磁共振碳谱

Fig. 8-5 ¹³C-NMR spectrum of the hemicellulosic fraction H₄ isolated from

Dendrocalamus sinicus with 5.0% NaOH solution

图 8-5 是半纤维素样品 H₄ 的核磁共振碳谱。位于 102.32ppm、75.91ppm、74.91ppm、73.29ppm 和 63.31ppm 处的强信号峰来自 1,4-连接的 β-D-木糖单元的 C-1、C-4、C-3、C-2 和 C-5。化学位移在 109.48ppm、86.42ppm、80.30ppm、78.36ppm 和 61.75ppm 处的信号峰源自 α-L-半乳糖单元的 C-1、C-4、C-2、C-3 和 C-5。此外,化学位移为 177.01ppm、97.49ppm、82.61ppm、79.30ppm、72.18ppm 和 70.03ppm 的几个弱信号峰源自 4-O-甲基葡萄糖醛酸的 C-6、C-1、C-4、C-3、C-5 和 C-2(Chaikumpollert et al.,2004)。在 173.06ppm 处的信号峰为乙酰基中羰基的信号,该信号的出现说明在实验所选择的抽提条件下(5% NaOH,75 ℃,4 h),半纤维素的乙酰基侧链没有全部断裂,依然有部分保留下来(Wen et al.,2010)。¹³C-NMR 图谱中 100.41ppm(C-1)、77.73ppm(C-3)、73.89ppm(C-2)可能来自 C-3 被 4-O-甲基-α-D-葡萄糖醛酸取代的(1→4)-β-D-木糖单元(Wen et al.,2011;Shi et al.,2013a)。

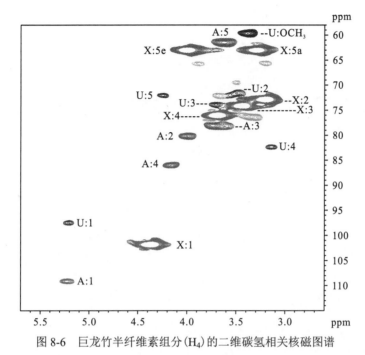

图 8-6 巨龙竹半纤维素组分(H₄)的二维碳氢相关核磁图谱

Fig. 8-6 ¹H/¹³C NMR (HSQC) spectrum of the hemicellulosic fraction H₄ isolated from

Dendrocalamus sinicus with 5.0% NaOH solution

图 8-6 是半纤维素样品 H₄ 的二维 HSQC-NMR 图谱。从图 8-6 可以看出，位于 102.32ppm/4.36ppm、75.91ppm/3.72ppm、74.91ppm/3.44ppm、73.29ppm/3.20ppm、63.31ppm/(4.00ppm+3.29ppm)处的强信号峰代表(1→4)-β-D-呋喃木糖的 5 个碳氢相关信号。此外，半纤维素大分子中的 α-L-阿拉伯糖和 4-O-甲基-D-葡萄糖醛酸的信号也清晰显示在 HSQC-NMR 图谱中，信号详细归属参见表 8-5。

通过对半纤维素的湿法化学及光谱学特性(红外光谱、核磁共振)综合分析，参考现有的有关竹材半纤维素化学结构的各种报道(Wilkie and Woo，1976，1977)，不难看出，巨龙竹可溶性聚糖的主要组分为聚阿拉伯糖木糖，同时含有少量淀粉。而且，分析测试结果表明，巨龙竹中的聚阿拉伯糖木糖的主链为(1→4)-连接的 β-聚木糖结构，侧链为通过 α-(1→3)和(或)α-(1→2)连接的 α-L-阿拉伯糖和/或 4-O-甲基-D-葡萄糖醛酸。通过对半纤维素的酸水解产物分析，测得巨龙竹半纤维素大分子中阿拉伯糖：葡萄糖醛酸：木糖的值为 1：3：32。因此，基于上述综合分析结果，可以推测出巨龙竹秆材中的半纤维素主要组分(聚阿拉伯糖葡萄糖醛酸木糖)的可能化学结构式，具体如图 8-7 所示。

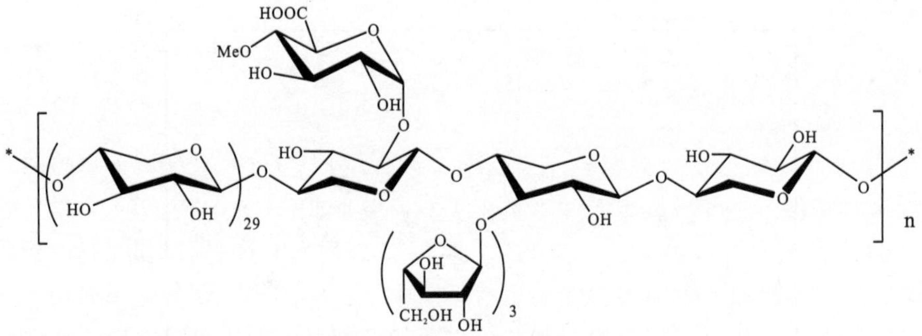

图 8-7　巨龙竹聚阿拉伯糖葡萄糖醛酸木糖的可能结构

Fig. 8-7　Potential structures of arabinoglucuronoxylans in hemicellulosic

fraction H4 isolated from *Dendrocalamus sinicus*

8.3　本 章 小 结

　　巨龙竹是世界上最大的竹子，其秆材含纤维素 44.5%、木质素 28.6%、半纤维素 17.6%、灰分 3.5%。在 75℃条件下，选用 80%酸性乙醇(含 0.025mol/L HCl)、80%碱性乙醇(含 0.5% NaOH)、碱性水溶液(含 2.0%、5.0%、8.0% NaOH)分步抽提脱蜡的巨龙竹秆材，可以得到 5 个半纤维素样品。乙醇和碱液多步骤抽提一共得到占原料干重 16.6%的半纤维素，连续抽提所得半纤维素总量占原料总半纤维素含量的 94.5%，表明乙醇和碱液连续抽提是一种十分有效的半纤维素分离提取方法。糖分析结果显示，巨龙竹乙醇和碱性水溶液可溶性聚糖的主要化学组成是聚阿拉伯糖木糖，其中，醇溶性半纤维素中含有少量的淀粉。结构分析结果表明，巨龙竹半纤维素的分子主链是(β-1→4)-聚木糖，侧链为 α-L-阿拉伯糖和(或)4-*O*-甲基-D-葡萄糖醛酸，侧链通过 α-(1→3)和(或)α-(1→2)方式连接到分子主链上。

第9章　云南甜竹半纤维素分离
纯化及结构表征

　　为了解决能源短缺问题及全球气候变暖问题，各国科学家一直努力寻找化石资源的替代品。经过多年的研究，各国政府及研究人员一致认为开发清洁、安全的可再生生物质资源以替代传统化石资源是解决这些问题最有效的途径之一（Mohanty et al.，2000；修昆，2006）。最近几年，越来越多的国家（特别是发达国家）已经把农林生物质等可再生天然资源的高效转化利用列入其经济社会可持续发展的重要发展战略。

　　半纤维素在自然界中的蓄积总量仅次于纤维素，是世界上第二大可再生生物质天然高分子物质，其含量占植物原料的 1/4～1/3（半纤维素在自然界中的蓄积总量仅次于纤维素，是世界上第二大可再生生物质天然高分子物质，其含量占植物原料的 1/4～1/3（Sun et al.，2001a）。与纤维素不同，半纤维素不是一种均一性聚糖，而是由一些结构相似的多糖构成的碳水化合物混合物（Aspinall and Mahomed，1954）。植物细胞壁中的半纤维素通常具有支链结构，其聚合度一般在 80～200，分子式可表示为 $(C_5H_8O_4)_n$ 和 $(C_6H_{10}O_5)_n$，可分别被称为聚戊糖和聚己糖（Bendahou et al.，2007）。组成植物半纤维素的主要糖单元是 D-木糖、L-阿拉伯糖、D-葡萄糖、D-半乳糖、糖醛酸（葡萄糖醛酸和半乳糖醛酸）（组成植物半纤维素的主要糖单元是 D-木糖、L-阿拉伯糖、D-葡萄糖、D-半乳糖、糖醛酸（葡萄糖醛酸和半乳糖醛酸）（Sun et al.，2005a）。现已证实，在植物细胞壁中，半纤维素通过氢键与纤维素形成物理连接，通过共价键（主要是 α-苯基醚键）与木质素形成化学键连接，以酯键与乙酰基及羟基肉桂酸形成化学连接（Xu et al.，2007）。正是由于细胞壁结构的特殊性和主要组分之间构效关系的复杂性，植物细胞壁中纤维素、半纤维素和木质素三大组分很难被完全分开。近十年来，国内外科学家已经报道了大量关于分离半纤维素的方法，如碱溶液抽提（Dupont and Selvendran，1987）、过氧化氢抽提（Doner and Hicks，1997）、蒸汽爆破（Varga et al.，2004）和微波照射处理（Pang et al.，2013）等，但迄今为止，仍没有一种方法能够分离得到不含其他组分的高纯度半纤维素，而且在分离过程中半纤维素均会发生不同程度的降解。因此，开发清洁高效的半纤维素分离技术在当前依然具有重要的理论价值和实际意义。

　　云南甜竹是一种容易培育且高产的木质纤维资源，其潜在开发利用价值已被广泛认可。然而，时至今日，有关这种竹材的详细物理化学性质却鲜有报道，对这种竹材的细胞壁化学组分进行提取分离，并在此基础上对其结构进行系统解析，是十分有必要的。在本章中，应用热水、碱性乙醇分步抽提的处理方式，从竹材中提取得到 9 个半纤维素样品。采用湿法化学和现代仪器分析技术相结合的办法对竹材半纤维素样品进行了结构表征研究，最终推测出云南甜竹秆材细胞壁半纤维素的化学结构。

9.1　材料与方法

9.1.1　实验材料

　　实验用的云南甜竹为 3 年生竹材，采自云南省昌宁县。竹子秆材风干后切成小块，粉碎，过筛，不同粒径原料分别收集，干燥后保存。取 40～60 目的竹子样品，于索氏抽提器中用甲苯：乙醇(2∶1，V/V)抽提 6h，去除抽提物。经抽提的竹子原料在 50℃烘箱中干燥 1h 后，存于干燥器中，备实验分析之用。

　　云南甜竹样品化学组成按美国国家可再生能源实验室标准方法测定(Sluiter et al.，2008)。首先，准确称取 300mg 经脱蜡处理的竹子原料，加入 3.0mL 72% 浓硫酸在 30℃条件下水解 1h。然后，用超纯水稀释水解液至硫酸浓度为 4%，在高压反应釜中于 121℃条件下稀酸继续水解 1h。水解结束后，自然冷却水解液。冷却后的水解液用事先恒重的砂芯漏斗过滤，通过称取滤渣的质量计算出原料克拉桑木质素含量。滤液稀释 50 倍，用高效阴离子交换色谱仪(Dionex ISC-3000，美国)分析滤液中糖组分。Dionex ICS-3000 测定条件为：选用 Carbopac^{TM} PA1 阴离子色谱交换色谱柱(4mm×250mm)，保护柱为 PA-20 column(3mm×30mm，Dionex)，配备脉冲安培检测器(CAD)、AS50 自动进样器。实验用水均为超纯水。实验中，为防止淋洗液吸收空气中的 CO_2，淋洗液配制完毕后和实验过程中采用 42～56kPa 的氮气保护。采用 L-阿拉伯糖、D-葡萄糖、D-木糖、D-半乳糖、D-甘露糖、L-鼠李糖、D-葡萄糖醛酸和 D-半乳糖醛酸的标准溶液进行校准。6 种单糖标样采用 18mol/L NaOH 等浓度分离，分离时间为 45min，流速为 0.5mL/min，2 种糖醛酸分离则用 0.4mol/L NaOH 等浓度分离，分离时间为 20min，流速为 1.0mL/min。所有样品都重复两次测定，最终结果取两次测定的平均值。测定结果列于表 9-1。

表 9-1　脱蜡后云南甜竹原料的化学组成

Tab. 9-1　The composition of dewaxed bamboo (Dendrocalamus sinicus) material

化学组成	含量／%
纤维素(以葡萄糖含量计)	53.2
半纤维素单糖组分	22.2
木糖	20.5
阿拉伯糖	0.8
半乳糖	0.3
鼠李糖	0.2
甘露糖	0.1
葡萄糖醛酸	0.2
半乳糖醛酸	0.1
Klason 木质素	23.1

9.1.2　半纤维素分离纯化

为了系统研究云南甜竹秆材中半纤维素化学结构特征，本实验按图 9-1 所示的多步抽提方案从竹材中抽提得到 9 个半纤维素样品。首先，依次用 80℃、100℃、120℃热水(注：120 ℃热水抽提在密封的高压灭菌锅中进行)分步抽提经脱蜡处理的竹材样品(40～60 目)；此后，再依次用含有 0.25%、0.5%、1.0%、2.0%、3.0%、5.0% NaOH 的 60%乙醇溶液在 80℃条件下连续处理经热水抽提的竹材残渣。每一阶段处理时间均为 3h，混合液固液比均控制为 1∶20(g∶mL)。过滤抽提得到的混合液，滤液用 6mol/L HCl 中和，调节 pH 至 5.5(3 组热水抽提的滤液不需要中和)。中和后的滤液减压浓缩至体积约 30mL，将其缓慢倒入至伴有磁力搅拌的 3 倍体积 95%乙醇中，析出半纤维素粗品。离心分离得到半纤维素粗品，用 70%乙醇溶液反复多次洗涤，冷冻干燥得到精制半纤维样品，样品储存与干燥器中备分析测试用。本实验中，3 个于 80℃、100℃、120℃条件下抽提的水溶性半纤维素样品分别标记为 H_1、H_2、H_3，6 个 60%碱性乙醇(分别含 0.25%、0.5%、1.0%、2.0%、3.0%、5.0% NaOH)抽提的半纤维素样品分别标记为 H_4、H_5、H_6、H_7、H_8、H_9。所有实验都重复两次操作，实验标准偏差小于 4.5%。半纤维素得率按产物占原料干重百分比计算。

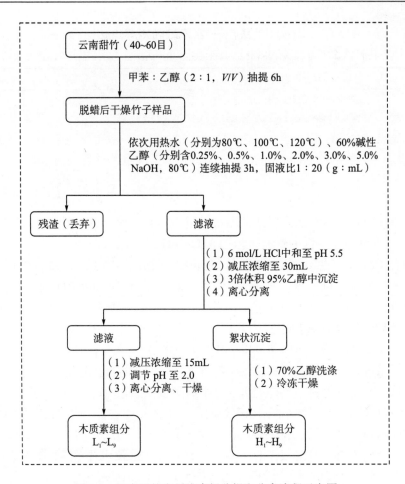

图 9-1　云南甜竹半纤维素组分提取分离流程示意图

Fig. 9-1　Scheme for extraction of polysaccharide fractions from *Dendrocalamus brandisii*

9.1.3　半纤维素结构表征

9.1.3.1　半纤维素分子质量测定

按第 8 章 8.1.3.1 节所述方法测定云南甜竹半纤维素的分子质量及其分布特征。

9.1.3.2　半纤维素糖组成分析

按第 8 章 8.1.3.2 节所述方法测定云南甜竹半纤维素的糖组成。

9.1.3.3　半纤维素红外光谱分析

按第 8 章 8.1.3.3 节所述方法测定云南甜竹半纤维素的红外光谱特征。

9.1.3.4　半纤维素核磁共振分析

按第 8 章 8.1.3.4 节所述方法测定云南甜竹半纤维素的 ^{1}H、^{13}C、HSQC-NMR。

9.1.3.5　半纤维素热稳定性能分析

半纤维素样品的热分析采用热重分析仪(DTG-60，日本 Shimadzu 公司)进行测定。半纤维素样品在检测前先在 105℃烘箱中干燥 2h。检测样品重 8～10 mg，氮气保护，气流控制为 30mL/min，升温速率 10℃/min，测定温度范围为室温至 600℃。

9.2　结果与讨论

9.2.1　半纤维素得率

半纤维素不是一种单一高分子聚糖，而是具有不同分子结构的聚糖的总称(Morrison，1974)。抽提过程中，半纤维素的得率及其化学组成会随提取方法不同而各有差异。本研究中，云南甜竹原料经热水(80℃、100℃、120℃)、60%碱性乙醇(分别含 0.25%、0.5%、1.0%、2.0%、3.0%、5.0% NaOH)抽提后分别得到 9 个半纤维素样品，其得率见表 9-2。从表可以看出，经热水和 60%碱性乙醇九步骤连续抽提后，得到 9 个占原料质量百分比分别为 3.2%、0.8%、0.6%、1.5%、2.9%、6.3%、2.3%、1.4%和 1.6%的半纤维素。热水和 60%碱性乙醇连续抽提一共得到占原料总重 20.6%的半纤维素样品。

表 9-2　云南甜竹可溶性半纤维素组分的得率

Tabl. 9-2　Yield of polysaccharides solubilized during the successive treatments of *Dendrocalamus*

brandisii with hot water and alkaline aqueous ethanol

半纤维素组分 (溶剂)	得率(%干物质，*w/w*)
H$_1$(80 ℃热水抽提)	3.2
H$_2$(100 ℃热水抽提)	0.8
H$_3$(120 ℃高压热水抽提)	0.6
H$_4$(含 0.25% NaOH 的 60%乙醇溶液抽提)	1.5
H$_5$(含 0.5% NaOH 的 60%乙醇溶液抽提)	2.9
H$_6$(含 1.0% NaOH 的 60%乙醇溶液抽提)	6.3
H$_7$(含 2.0% NaOH 的 60%乙醇溶液抽提)	2.3

续表

半纤维素组分（溶剂）	得率（%干物质，w/w）
H_8（含 3.0% NaOH 的 60%乙醇溶液抽提）	1.4
H_9（含 5.0% NaOH 的 60%乙醇溶液抽提）	1.6
可溶性半纤维素总得率	20.6

从表 9-2 可以看出，80℃、100℃和120℃热水连续抽提得到的半纤维素总量占半纤维素总收率的 22.3%，表明云南甜竹秆材水溶性聚糖的含量较高。此外，不难发现，当用 120℃热水抽提时，半纤维素聚糖的得率非常低，仅为 0.6%。这说明 80℃和 100℃两步热水连续抽提已经把竹材中水溶性半纤维素多糖抽提殆尽。然而，从第 4 步开始，当用 60%碱性乙醇溶液抽提竹材的时候，又有大量的半纤维素从竹材细胞壁中被抽提出来，说明碱性乙醇溶剂对难溶性半纤维素具有很好的抽提能力。长期以来，碱液一直被视为是优良的半纤维素抽提剂。碱液对半纤维素的溶解能力源自碱液中的氢氧根离子的作用，因为氢氧根离子能够有效地润胀细胞壁中的微细纤维，打断纤维素与半纤维素之间的氢键，同时水解木质素与半纤维素之间的化学键，从而能有效地将分布于细胞壁微细纤维之间的半纤维素溶解出来（Bergmans et al.，1996）。不难理解，竹子秆材细胞壁中的半纤维素在同一种溶剂中的不同溶解能力主要源于这些半纤维素的结构差异性。

9.2.2 半纤维素分子质量

植物细胞壁中的半纤维素含有多种结构不同的聚糖，抽提得到的半纤维素的分子质量随提取方法不同而各有差异（Morrison，1974）。本研究中，为了系统分析 9 个可溶性半纤维素聚糖的分子质量及其分布特征，所有样品的重均分子质量（M_w）、数均分子质量（M_n）及其多分散性（M_w/M_n）都用凝胶色谱进行了一一测定，测定结果见表 9-3。从表 9-3 可以看出，三步热水（80℃、100℃、120℃）连续抽提得到的水溶性半纤维素样品（H_1、H_2、H_3）分子质量较小，分布在 18330～19730g/mol；而随后的六步 60%碱性乙醇（分别含 0.25%、0.5%、1.0%、2.0%、3.0%、5.0% NaOH）抽提得到的碱溶性半纤维素的分子质量则相对较大，分布在 22870～41180g/mol。此外，在碱性乙醇溶液抽提时，随着乙醇中 NaOH 浓度从 0.25%增加到 5.0%，碱溶性半纤维素聚糖的分子量先是从 35 700g/mol（H_4）增加至 41 180g/mol（H_6），然后再逐渐减小至 22 870g/mol（H_9）。竹材半纤维素分子质量的这一变化现象说明一定程度的提高抽提液中碱的浓度，可以溶解竹材细胞壁中大分子质量的半纤维素组分，但是碱液浓度太高，则会不可避免地使可溶性半纤维素发生碱性水解，从而降低其分子质量。

表 9-3　云南甜竹半纤维素组分重均分子质量(M_w)、
数均分子质量(M_n)和多分散性(M_w/M_n)

Tab. 9-3　Weight-average (M_w) and number-average (M_n) molecular weights and
polydispersity (M_w/M_n) of the polysaccharide fractions isolated from *Dendrocalamus brandisii*

| | 半纤维素 | | | | | | | | |
	H_1	H_2	H_3	H_4	H_5	H_6	H_7	H_8	H_9
M_w	19170	19730	18330	35700	35910	41180	31320	23220	22870
M_n	3420	2490	5430	18240	25310	27200	22470	19120	20470
M_w/M_n	5.6	7.9	3.4	2.0	1.4	1.5	1.4	1.2	1.1

　　对于大分子聚合物而言，分子质量的分布特性是对其在化学工业中应用价值及应用方式具有重要影响的一个性能指标。分子质量均一的大分子物质其物理化学性能也相对比较稳定。因此，从植物细胞壁中分离纯化得到具有均一分子质量的天然大分子物质具有重要的实际意义。从表 9-3 中可以看出，3 个水溶性半纤维素样品(H_1、H_2、H_3)的分子质量分布范围较宽，在 3.4～5.6；而 6 个 60%碱性乙醇可溶性半纤维素样品的分子质量分布较均一，分布在 1.1～2.0。

9.2.3　半纤维素化学组成

　　研究表明，半纤维素的化学组成因其在细胞壁中的分布位置及分离纯化方法而异。为了详细分析实验得到的 9 个竹材半纤维素样品化学组分的差异性，本章通过酸水解方式对所有半纤维素的中性糖及糖醛酸组成进行了分析，检测见过见表 9-4。研究发现，3 个从云南甜竹中分离得到的水溶性多糖样品(H_1、H_2、H_3)的酸水解产物很相似。在水解产物中，葡萄糖所占的比例最大(95.7%～96.2%)，同时还检测到少量的木糖(1.5%～2.7%)和阿拉伯糖(0.7%～1.3%)，仅检测到微量的糖醛酸。在多糖样品的酸水解产物中，如此高的葡萄糖含量极有可能源自于淀粉的水解，因为在实验所用的提取条件下，竹材中的淀粉很容易被提取出来。Toledo 等(1987)很早以前就指出竹材中存在淀粉，他们曾经报道过瓜多竹(*Guadua flabellata*)秆材中含有 8.5%的碱溶性淀粉。北京林业大学 Peng(2011)的报道也表明，寿竹(*Phyllostachys bambusoides* f. *shouzhu* Yi)中同样含有一定量的淀粉。

表 9-4　云南甜竹半纤维素组分的中性糖和糖醛酸组成

Table 9-4　Contents of neutral sugars and uronic acids in the polysaccharide fractions isolated from

Dendrocalamus brandisii

	半纤维素组成(%半纤维素样品，w/w)								
	H_1	H_2	H_3	H_4	H_5	H_6	H_7	H_8	H_9
鼠李糖	0.1	0.1	0.2	0.4	0.2	ND [a]	0.7	0.2	0.1
阿拉伯糖	1.1	0.7	1.3	10.0	6.9	3.8	4.8	4.9	4.5
半乳糖	0.5	0.2	0.6	3.8	2.0	0.9	2.4	2.4	ND
葡萄糖	95.7	96.0	96.2	49.9	48.3	40.8	35.5	21.9	21.2
木糖	2.5	2.7	1.5	26.2	37.5	50.9	52.4	64.9	70.3
半乳糖醛酸	0.1	0.1	0.2	2.7	1.4	0.4	0.8	0.9	0.5
葡萄糖醛酸	0.1	0.1	0.1	7.0	3.7	3.4	3.5	4.7	3.5
木糖/阿拉伯糖	2.3	3.9	1.2	2.6	5.5	13.5	10.9	13.2	15.8

[a] ND，未检测出。

　　通过对表 9-4 中的数据分析不难发现，云南甜竹 60%碱性乙醇可溶性半纤维素样品(H_4、H_5、H_6、H_7、H_8、H_9)的酸性水解产物与水溶性半纤维素差异较大，其中木糖占 26.2%～70.3%，葡萄糖占 21.2%～49.9%，阿拉伯糖占 3.8%～10.0%，糖醛酸占 3.8%～9.7%。酸水解产物分析结果表明，云南甜竹的 60%碱性乙醇可溶性半纤维素很可能含有大量的聚阿拉伯糖木糖。这一结果与 Meakawa 等(1976)、Fengel 等(1984)和 Yoshida 等(1998)的研究结论基本一致。此外，酸水解产物中如此高的葡萄糖含量说明这些碱溶性的半纤维素样品中依然含有淀粉。但是，需要注意的是，随着乙醇中碱浓度从 0.25%增加到 5.0%，半纤维素组分水解产物中葡萄糖组分的含量从 49.9%减少到 21.2%；相反，随着乙醇中碱浓度的增加，酸水解产物中木糖组分的比例相应地从 26.2%增加到 70.3%。半纤维素组分酸水解产物的变化情况表明，随着抽提剂中碱浓度的增加，抽提得到的半纤维素样品中聚阿拉伯糖木糖所占的比例越来越大，而淀粉的相对含量越来越少。

　　从对半纤维素酸水解产物分析结果可以看出，云南甜竹水溶性半纤维素样品和碱溶性半纤维素样品中都可能存在淀粉类物质。为此，本研究专门用碘化钾淀粉试纸对实验得到的所有竹半纤维素样品进行了测试。测试结果证实，云南甜竹水溶性半纤维素和碱溶性半纤维素样品中确实存在淀粉。这一结果对云南甜竹的防虫防霉处理具有重要的理论指导意义。

　　在禾草类植物中，木糖与阿拉伯糖的比值(Xylose/Arabinose)反映了半纤维素主链的分支度(Wedig et al.，1987)。木糖与阿拉伯糖的比值越高，说明半纤维素样品的线性度越高，反之，则说明半纤维素聚糖具有较高的分支度。从表 9-4 可以看出，在 6 个 60%碱性乙醇可溶性半纤维素样品中，木糖与阿拉伯糖的比值及木糖与糖醛酸的比值整体上表现出随着碱浓度升高不断增加的变化趋势；而在 3 个水溶性半纤维素样品中，木糖与阿拉伯糖的比值都很低。因此可以认为，云南甜竹的碱性乙醇可溶性半纤维素的分支度低，支链少；而水溶性半纤维素的分支度高，具有较多的支链。半纤维素结构的差异性，是导致其在同一溶剂中溶解力不同的重要原因之一。

9.2.4　半纤维素红外光谱分析

本研究利用红外光谱对从云南甜竹秆材中分离得到的 9 个半纤维素样品的结构进行了比较研究，如图 9-2 和图 9-3 所示。图 9-2 是水溶性半纤维素样品（H_1、H_2、H_3）的红外光谱图。从图 9-2 可以看出，3349cm^{-1} 处的强吸收带来自－OH 的伸缩振动，2930cm^{-1} 处的吸收峰来自甲基和亚甲基的 C—H 伸缩振动。位于 1732cm^{-1} 的吸收肩峰说明水溶性的半纤维素组分包含少量的乙酰基、糖醛酸酯、阿魏酸酯及对-香豆酸羧基酯。1635cm^{-1} 处的强吸收峰来自吸附水的弯曲振动，这是因为半纤维素聚糖具有很强的亲水性，在固体状态下，这些亲水性的大分子往往具有不规则的结构，比表面积大，从而使得其很容易吸附空气中的水分（Kačuráková et al.，2000）。红外光谱中半纤维素的特征吸收峰为 1453cm^{-1}、1413cm^{-1}、1359cm^{-1}、1328cm^{-1}、1234cm^{-1}、1149cm^{-1}、1076cm^{-1}、1021cm^{-1}、930cm^{-1} 和 854cm^{-1}（Irudayaraj and Yang，2002）。其中 1453cm^{-1}、1413cm^{-1}、1359cm^{-1}、1328cm^{-1} 和 1234cm^{-1} 处的吸收峰来自 C—H、C—O、和 C—O—C 的弯曲或伸缩振动，而 1200～800cm^{-1} 处的吸收峰能为判断多糖的种类提供有用参考信息（Goodfellow and Wilson，1990；Van Soest et al.，1994）。1149cm^{-1}、1021cm^{-1} 处较大的吸收峰是由 C—O—H 的弯曲振动造成的（Van Soest et al.，1995）。另一个重要的峰是 854cm^{-1} 处的吸收峰，它是由 α-糖苷键连接的聚糖引起的，进一步证实了竹材水溶性聚糖中存在淀粉，因为淀粉主链是通过 α-糖苷键连接的。这一结论与半纤维素的化学组成分析结果相吻合。

图 9-3 是 60%碱性乙醇抽提得到的半纤维素样品的红外光谱图。这 6 种半纤维素的大部分峰的形状和强度都非常相似，表明这些半纤维素组分在组成和结构上具有相似性。图 9-3 中，3349cm^{-1}、2930cm^{-1}、1413cm^{-1}、1359cm^{-1}、1234cm^{-1}、1149cm^{-1}、1075cm^{-1}、1079cm^{-1}、1018cm^{-1}、933cm^{-1} 和 897cm^{-1} 或 892cm^{-1} 处的吸收峰均来自于半纤维素的各种基团，其中 1149cm^{-1} 和 1018cm^{-1} 是聚阿拉伯糖木糖的特征吸收峰。在 897cm^{-1} 处的吸收峰表明聚木糖中 β-糖苷键的存在。乙酰基的吸收峰 1732cm^{-1} 没有检测到，说明碱性条件下抽提处理脱除了半纤维素的乙酰基。

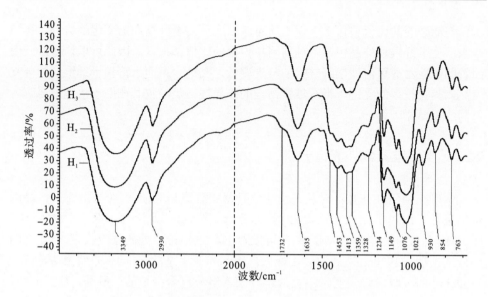

图 9-2　水溶性聚糖组分(H₁、H₂、H₃)的红外光谱图

Fig. 9-2　FT-IR spectra of the soluble polysaccharide fractions H₁，H₂，

and H₃ isolated from *Dendrocalamus brandisii*

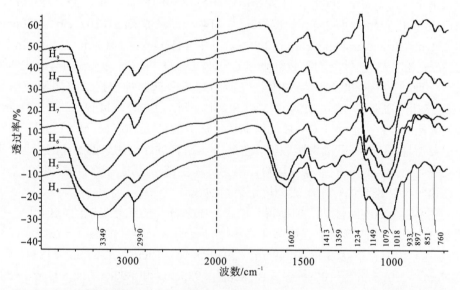

图 9-3　60%碱性乙醇可溶性半纤维素组分(H₄、H₅、H₆、H₇、H₈、H₉)的红外光谱图

Fig. 9-3　FT-IR spectra of the soluble polysaccharide fractions H₄，H₅，H₆，H₇，H₈，

and H₉ isolated from *Dendrocalamus brandisii*

9.2.5　半纤维素核磁共振波谱解析

　　核磁共振波谱分析技术是分析和鉴定半纤维素主链及侧链结构非常有用的一种现代仪器分析手段。为进一步深入地对分离得到的云南甜竹半纤维素样品的结构进行表征，本研究对得率最高、最能代表竹材半纤维素结构特点的半纤维素样品 H_6 进行了一维及二维核磁共振分析，以期能够确定其主链及侧链的化学结构。半纤维素样品 H_6 的氢谱（^{1}H-NMR）、碳谱（^{13}C-NMR）和二维异核单量子碳氢相关谱（HSQC-NMR）分别如图 9-4、图 9-5 和图 9-6 所示，一维和二维核磁中的相关信号归属主要参照现有相关文献（Vignon and Gey，1998；Chaikumpollert et al.，2004；Xu et al.，2007；Shi et al.，2011）。

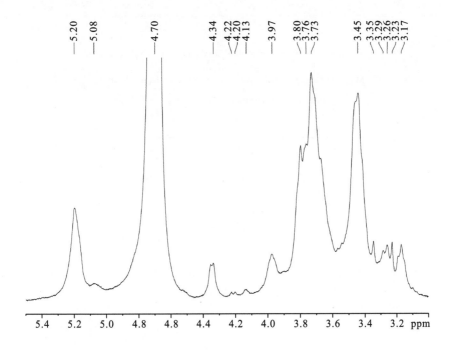

图 9-4　60%碱性乙醇可溶性半纤维素组分（H_6）的核磁共振氢谱

Fig. 9-4 ^{1}H-NMR spectrum of the soluble polysaccharide fraction H_6 isolated from *Dendrocalamus brandisii* with 60% aqueous ethanol containing 1.0% NaOH

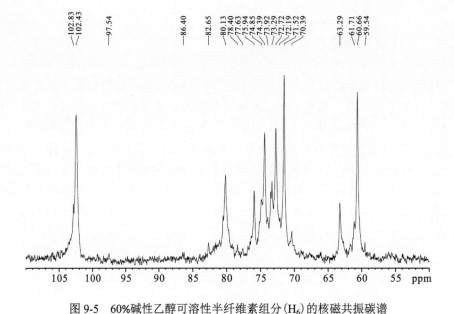

图 9-5　60%碱性乙醇可溶性半纤维素组分 (H₆) 的核磁共振碳谱

Fig. 9-5　¹³C-NMR spectrum of the soluble polysaccharide fraction H₆ isolated from *Dendrocalamus brandisii* with 60% aqueous ethanol containing 1.0% NaOH

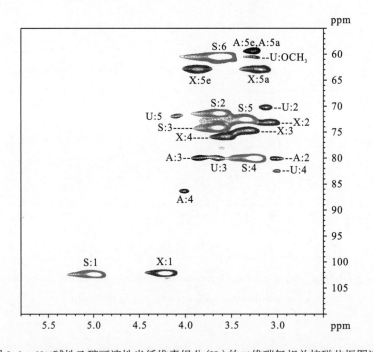

图 9-6　60%碱性乙醇可溶性半纤维素组分 (H₆) 的二维碳氢相关核磁共振图谱

Fig. 9-6　¹H/¹³C NMR (HSQC) of the soluble polysaccharide fraction H₆ isolated from *Dendrocalamus brandisii* with 60% aqueous ethanol containing 1.00% NaOH

　　半纤维素是由重复单元(单糖)以一定的连接方式组成的链状高分子聚糖，它由一种或多种单糖组成。因此，确定半纤维素的糖基种类有助于理解半纤维素大分子的化学结构。通常，糖基种类是根据半纤维素的异头氢和异头碳来确定的。在 ^{1}H-NMR 中，异头氢的化学位移在 4.3～5.6ppm，且 α-异头氢要比 β-异头氢处于较低场。所以，为区分半纤维素糖苷键连接的构型，异头氢区域(4.3～5.6ppm)可以分两个亚区，分别对应 α-糖苷键(δ 5.6～4.9ppm)和 β 型糖苷键(δ 4.9～4.3ppm)。而半纤维素上环内质子的化学位移值一般在 4.5～3.0ppm。由图 9-4 可见，3.1～5.4ppm 为半纤维素质子的信号峰。5.2ppm 处的信号峰来自 α-糖苷键中的 H 原子，4.3ppm 的信号峰来自被取代的聚木糖的 C-1 上 H 原子，取代位置主要发生在 C-3 上。3.2～4.0ppm 处的信号峰则来自木糖单元上其他氢原子。氢谱的信号证实了聚木糖主链中的基本单元是通过 β-糖苷键连接，而淀粉主链中的糖苷键则是通过 α-糖苷键连接。

　　核磁共振碳谱在诸如半纤维素、纤维素、木质素、壳聚糖等天然高分子聚合物结构解析方面具有无可替代的优势。云南甜竹半纤维素样品 H6 的核磁共振碳谱(图 9-5)在化学位移 102.2ppm、75.9ppm、74.9ppm、73.3ppm 和 63.3ppm 处的强信号峰来自 1，4-连接的 b-D-木糖单元的 C-1、C-4、C-3、C-2 和 C-5。化学位移在 102.8ppm、80.1ppm、74.4ppm、72.7ppm、71.5ppm 和 60.7ppm 处的 6 个强信号峰分别对应于淀粉中的 α-(1→4)-连接的葡萄糖单元上的 C-1、C-4、C-3、C-5、C-2 和 C-6。化学位移为 97.54ppm、82.65ppm、80.13ppm、72.19ppm 和 70.39ppm 的几个弱信号峰源自 4-O-甲基葡萄糖醛酸的 C-1、C-4、C-3、C-5 和 C-2。此外，在 86.40ppm、80.13ppm、78.40ppm 和 59.54ppm 位置的几个不太明显的信号由 α-L-阿拉伯糖 C-4、C-2、C-3 和 C-5 引起。上述结果表明，云南甜竹碱溶性半纤维素组分 H$_6$ 主要为聚-L-阿拉伯糖-(4-O-甲基-D-葡萄糖醛酸)-D-木糖和淀粉。这个结论与红外光谱分析结果相一致。

　　从半纤维素样品(H$_6$)的二维 HSQC-NMR 谱图可以看出，102.43ppm/4.34ppm、75.94ppm/3.76ppm、74.85ppm/3.35ppm、73.29ppm/3.17ppm、63.29ppm/(3.97+3.23)ppm 处的强信号峰是(1→4)-β-D-呋喃木糖的 5 个碳氢相关信号。位于 102.83ppm/5.20ppm、80.13ppm/3.45ppm、74.39ppm/3.76ppm、72.72ppm/3.35ppm、71.52ppm/3.73ppm、60.66ppm/3.76ppm 处的信号来自半纤维素中掺杂的淀粉聚糖。此外，半纤维素大分子中的 α-L-阿拉伯糖和 4-O-甲基-D-葡萄糖醛酸的信号也清晰显示在 HSQC-NMR 图谱中。云南甜竹半纤维素(H$_6$)的核磁共振信号的详细归属参见表 9-5。

表 9-5　云南甜竹半纤维素组分 (H_6) HSQC 谱图中的 $^{13}C-^1H$ 相关信号归属

Table 9-5　Assignment of $^1H/^{13}C$ cross-signals in the HSQC spectrum of the polysaccharide fraction H_6 isolated from *Dendrocalamus brandisii* with 60% aqueous ethanol containing 1.0% NaOH

糖单元	NMR	化学位移/ppm							
		1	2	3	4	5eq[a]	5ax[b]	6	OCH₃
X[c]	^{13}C	102.43	73.29	74.85	75.94	63.29	63.29	—	—
	^1H	4.34	3.17	3.35	3.76	3.97	3.23	—	—
S[d]	^{13}C	102.83	71.52	74.39	80.13	72.72	#	60.66	—
	^1H	5.20	3.73	3.76	3.45	3.35	#	3.76	
A[e]	^{13}C	#	80.13	78.40	86.40	59.54	59.54	—	—
	^1H	5.08	3.80	3.73	4.13	—	#—		
U[f]	^{13}C	97.54	70.39	80.13	82.65	72.19	—	#	60.66
	^1H	—	3.17	3.73	3.17	4.22	—	3.26	3.29

[a] eq，平伏键的氢原子；[b] ax，直立键的氢原子；[c] X，(1→4)-β-D-吡喃式木聚糖；[d] S，淀粉；[e] A，α-L-阿拉伯糖；[f] U，4-O-甲基葡萄糖醛酸。

　　通过对半纤维素的酸水解产物单糖组成、红外光谱、核磁共振等综合分析，参考现有的有关竹材半纤维素化学结构的各种报道(Wilkie and Woo，1976，1977)，可以推断得出云南甜竹可溶性聚糖的主要组分为聚阿拉伯糖木糖和淀粉。而且，上述分析测试结果表明，云南甜竹中的聚阿拉伯糖木糖的主链为(1→4)-连接的 β-聚木糖结构，侧链为通过 α-(1→3) 和(或)α-(1→2)连接的 α-L-阿拉伯糖和(或)4-O-甲基-D-葡萄糖醛酸。通过对半纤维素的酸水解产物分析，测得云南甜竹半纤维素大分子中阿拉伯糖：葡萄糖醛酸：木糖的值为 1：1：14。因此，基于上述综合分析结果，得出云南甜竹秆材中的半纤维素主要组分(聚阿拉伯糖木糖)的可能化学结构式，具体如图 9-7 所示。

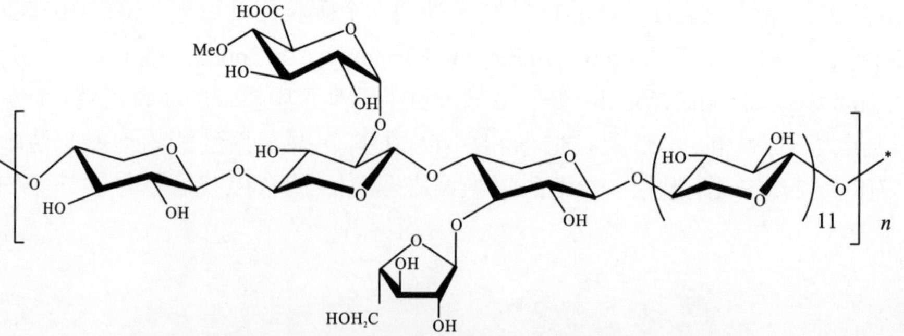

图 9-7　云南甜竹聚阿拉伯糖葡萄糖醛酸木糖的可能结构

Fig. 9-7　Potential structures of arabinoglucuronoxylans isolated from *Dendrocalamus brandisii*

9.2.6　半纤维素热稳定性分析

在木质纤维原料细胞壁的三大组分中，半纤维素的热稳定性最低。研究表明，整个木质纤维素原料的热解过程可以分为 4 个阶段：第 1 阶段，开始升温至 220℃，该阶段主要作用是水分蒸发；第 2 阶段，220～315℃，该阶段主要表现为半纤维素的分解；第 3 阶段，315～400℃，该阶段主要表现是纤维素的热分解；第 4 阶段，热解温度高于 400℃，该阶段主要为木质素的分解阶段（Yang et al.，2006）。然而，此前的文献很少有单独对半纤维的降解阶段和降解机制进行研究的报道。

图 9-8 为半纤维素组分 H_2 和 H_6 的 TGA/DTG 曲线，从 TGA 曲线可以看出，半纤维素组分 H_2 和 H_6 初始热解温度分别为 200℃和 220℃；H_2 和 H_6 两个半纤维素样品热降解最剧烈的温度分别为 268℃和 320℃。在达到 50%质量损失时，H_2 和 H_6 的温度分别为 300℃和 330℃；这表明在半纤维素组分 H_6 的热稳定性比 H_2 高，这与表 9-3 中半纤维素的分子质量变化趋势一致，即半纤维素的热稳定性随其分子质量的增加而升高。

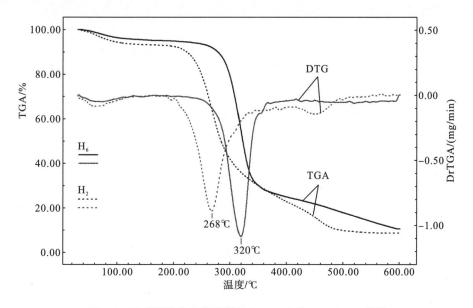

图 9-8　云南甜竹半纤维素样品（H_2、H_6）的 TGA/DTG 曲线

Fig. 9-8　Thermograms of polysaccharide fractions（H_2，H_6）isolated from *Dendrocalamus brandisii*

9.3 本 章 小 结

选择热水(80℃、100℃、120℃)、60%碱性乙醇溶液(含 0.25%、0.5%、1.0%、2.0%、3.0%、5.0% NaOH)分步抽提脱蜡的云南甜竹原料,得到 3 个水溶性和六个碱溶性半纤维素样品。利用糖分析、GPC、FT-IR、一维和二维 HSQC 核磁共振及热分析等检测技术对得到的 9 个半纤维素样品的结构和物理化学性质进行了表征和研究。研究结果表明,热水和碱性乙醇连续抽提可以分离得到占原料 20.6%的半纤维素组分,且所有半纤维素样品纯度较高,残留木质素含量低。化学成分分析表明,云南甜竹热水和碱性乙醇可溶性聚糖主要为聚阿拉伯糖木糖,同时含有一定量的淀粉。核磁共振分析结果表明,云南甜竹半纤维素的分子主链为 β-(1→4)-聚木糖,侧链为 α-L-阿拉伯糖和(或)4-O-甲基-D-葡萄糖醛酸,侧链通过 α-(1→3)和(或)α-(1→2)键连接到分子主链上。研究还发现,云南甜竹半纤维素的分子质量和分支度对其热稳定性的影响很大,分子质量高的半纤维素具有较高的热稳定性能。

第10章 巨龙竹木质素分离、
纯化及结构表征

　　木质素作为具有三维立体结构的天然高分子聚合物，广泛存在于较高等的维管束植物(羊齿植物、裸子植物、被子植物)中(Sjostrom，1981)。特别是在木本植物中，木质素是木质部细胞壁的主要成分之一。在木材中，木质素以类似于填充剂的黏结物质的形式分布在细胞壁的各个层次中，增加木材的机械强度和抵抗微生物侵蚀的能力，使木材直立挺拔且不易腐朽。不同类型植物木质素含量稍有不同，其中针叶木木质素含量为25%~35%，阔叶木木质素含量为20%~25%，禾本科植物木质素含量为 15%~25%(詹怀宇，2005)。植物原料中木质素的含量还因植物品种和形态学部位不同而有很大差异。在植物细胞壁中，木质素浓度最高的部位是复合胞间层，次生壁的木质素浓度较低，但由于次生壁比复合胞间层厚得多，植物细胞至少70%的木质素分布在次生壁中(杨淑惠，2005)。

　　在植物原料中，木质素、纤维素和半纤维素相互贯穿。为了研究木质素，往往需要从植物中把木质素分离出来。然而，鉴于木质素的不稳定性，当它受到温度、酸性试剂、有机溶剂或机械作用时，都会或多或少地引起结构上的变化，所得的分离木质素在官能团、元素组成、化学性质方面都和原本木质素(即天然存在的木质素)有所不同(Sjostrom，1981；Meister，2002)。因此，在实际操作过程中，总是希望分离得到的木质素尽量处于未变化的状态，而且能代表全部木质素且有很高的得率。目前，已经报道了多种从植物细胞壁中分离木质素的方法，按其分离原理的不同，这些方法大致可以分为两类，一类是使木质素本身或使其变成木质素的衍生物而溶解，再使其沉淀并进行精制分离，这类方法主要用于分离可溶性木质素；另一类是使植物中木质素以外的成分溶解，使木质素作为残渣而分离，这一类方法用于分离不溶性木质素。不同分离纯化方法在可操作性、木质素化学变化程度、木质素得率等方面各有得失，得到的分离木质素也各有特征(Chang et al.，1975；Sun et al.，1999b；Ikeda et al.，2002)。因此，研究出一种操作简单、无破坏性、提取率高的从木质纤维原料的细胞壁中分离木质素的方法，将十分有助于研究木质素的结构特征。

　　化学结构特征是聚合物开发利用的基础，因此阐明木质素的化学结构非常重要。木质素是由 3 种醇先体(对香豆醇、松柏醇、芥子醇)通过自由基缩合形成的一种具有三维复杂结构的酚类聚合物，其基本单元之间主要通过碳碳键(C—C)、醚键(—O—)连接(Fengel and Wegener，1989)。按芳香核的不同，木质素大致可以分为三类：原始陆生植物(羊齿类、石松类)和针叶材的木质素主要由愈创木酚基丙烷构成(G 型木质素)，进一步进化的阔叶材木质素由愈创木酚基丙烷和紫丁香基丙烷构成(GS 型木质素)，最进化的禾本科植物的木质素由愈创木酚基丙烷、紫丁香基丙烷和对羟苯基丙烷构成(GSH 型木质素)(杨淑惠，2005)。在生物质原料中，木质素和半纤维素之间有着化学键连接，而纤维素与木质素和半纤维素之间虽没有化学键连接，但存在着强大的氢键、弱键、范德华力等作用力(Eriksson et al.，1980；Sun et al.，1999b；Guerra et al.，2008；Xu et al.，2008)。与大多数天然高分子聚合物(如纤维素、淀粉、蛋白质等)不同，木质素构成单位之间的结合没有一定的重复性和规律性，它的结构非常复杂，结构特征目前尚不完全清楚。在可再生生物质资源开发利用日益受到重视的大背景下，开展木质素化学结构研究具有重要的理论和实际意义。

在本章中，为了研究巨龙竹木质素的化学结构特征，先后应用酸性乙醇、碱性乙醇及碱性水溶液连续抽提的处理方式，从竹材中提取得到 5 个木质素样品。采用湿法化学和现代仪器分析技术相结合的办法对竹材半纤维素样品进行了结构表征研究，最终确定了巨龙竹秆材木质素的功能基、木质素结构单元、各种结构单元之间的连接方式。

10.1 材料与方法

10.1.1 实验材料

实验用巨龙竹为 3 年生竹材，采自云南省临沧市沧源佤族自治县。竹子秆材风干后切成小块，粉碎，过筛，不同粒径原料分别收集，干燥后保存。取 40~60 目的竹子样品，于索氏抽提器中用甲苯：乙醇(2∶1，V/V)抽提 6h，去除抽提物。抽提后的竹子原料在 50℃烘箱中干燥 16h，存于干燥器中，备实验分析之用。巨龙竹样品含纤维素 44.5%，半纤维素 17.6%，木质素 28.6%。其化学组成详见第 8 章 8.1.1 节表 8-1。

10.1.2 木质素分离纯化

巨龙竹木质素分离提纯流程示意图参见第 8 章 8.1.2 节图 8-1。首先，在 75 ℃条件下，依次用 80%酸性乙醇(含 0.025mol/L HCl)、80%碱性乙醇(含 0.5% NaOH)、碱性水溶液(含 2.0%、5.0%、8.0% NaOH)分步抽提经脱蜡处理的竹材样品(40～60目)，每一步抽提时间各为 4 h，固液比均控制为 1 : 25(g : mL)；随后，冷却并过滤抽提混合液，用 6mol/L HCl 中和滤液，调节 pH 至 5.5；接着，减压浓缩滤液至体积至约 30mL，并将滤液缓慢倒入 3 倍体积伴有磁力搅拌的 95%乙醇中，析出半纤维素聚糖；离心分离，收集半纤维素沉淀后，滤液继续减压浓缩至体积约为 15mL，加入适量浓度为 6mol/L 的 HCl，调节其 pH 为 2，此时即刻有木质素沉淀析出，持续搅拌约 0.5h，以利于充分析出木质素；最后，经离心分离，制得粗木质素样品，并将此样品继续用酸水(pH=2)反复多次洗涤，即得到纯度较高的木质素样品。木质素样品经冷冻干燥后，保存于干燥器中备分析用。本实验中，80%酸性乙醇(含 0.025mol/LHCl)、80%碱性乙醇(含 0.5% NaOH)和碱性水溶液(含 2.0%、5.0%、8.0% NaOH)提取得到的巨龙竹木质素分别标记为 L_1、L_2、L_3、L_4 和 L_5。所有实验都重复两次操作，实验标准偏差小于 4.6%。木质素得率按产物占原料百分比计算。

10.1.3　木质素结构表征

10.1.3.1　木质素纯度分析

中性糖及糖醛酸含量采用高效离子交换色谱法(HPAEC)测定。具体的方法是：每个木质素样品均准确称取 5mg，称好的样品分别放入 2mL 水解瓶中，加入 1.475mL 的 10% H_2SO_4 在 105℃下水解 2.5h。水解完毕，过滤得到的水解液，通过稀释一定倍数(约 50 倍)，再采用戴安高效阴离子色谱进行单糖分析。以下为测定时的色谱条件，系统为 Dionex ICS-3000；色谱柱为 Carbopac^{TM} PA1 阴离子色谱交换柱(4mm×250mm)；检测器为脉冲安培检测器；进样器为 AS50 自动进样器；流速为 0.5mL min^{-1}；采用 L-阿拉伯糖、D-葡萄糖、D-木糖、D-半乳糖、D-甘露糖、L-鼠李糖、D-葡萄糖醛酸及 D-半乳糖醛酸的标准溶液进行校准。

10.1.3.2　木质素分子质量分析

木质素分子质量的测定采用安捷伦 1200 工作站(凝胶色谱)进行测定。具体方法是准确称取 4mg 木质素样品溶于 2mL 的四氢呋喃中，待其全部溶解后，溶液过滤进 PLgel Mixed-D(300mm×7.5mm，安捷伦，美国)色谱柱进行分析，进样量为 10μL。淋洗液为色谱用四氢呋喃，流速 1mL/min。采用分子质量为 435500g/mol、66000g/mol、9200g/mol 和 1320g/mol 四种聚苯乙烯标样作为测定标准。

10.1.3.3　木质素紫外光谱分析

紫外-可见光谱采用 UV 2300(上海天美科学仪器有限公司)进行测定。称取

5mg 木质素样品溶于 10mL 95%的二氧六环溶液，再取 1mL 的木质素溶液用 50% 的二氧六环稀释到 10mL，然后再进行测定。其中以 50%的二氧六环作为参比液。

10.1.3.4　木质素红外光谱分析

木质素样品的红外光谱分析在 Tensor 27(德国 Bruker 公司)型红外吸收光谱仪上进行。采用 KBr 压片法，样品均匀分散于 KBr 中，浓度为 1%。扫描波长范围 $4000 \sim 400 \text{cm}^{-1}$，扫描次数设为 32 次，分辨率 2cm^{-1}，在透射模式下采集数据。

10.1.3.5　木质素核磁共振分析

核磁共振图谱采用布鲁克 400M 超导核磁共振仪进行测定。氢谱测样浓度为 10mg 的木质素溶于 1mL 的氘代 DMSO-d_6 中，采样条件为：采样时间 3.98s，弛豫时间 1.0s，累积 128 次，图谱用 2.49ppm 的溶剂峰进行校正。碳谱测样浓度为 100 mg 样品溶于 0.6mL 的 DMSO-d_6 中，采样条件为：采用 30 度脉冲序列，采样时间 1.36s，弛豫时间 1.89s，累积 30 000 次。二维异核单量子碳氢相关核磁图谱 (HSQC)测样浓度为 60mg 木质素溶于 1mL 的氘代 DMSO-d_6 中，具体采样条件是：弛豫时间 1.5s，采样时间 0.17s，采样 128 次，256 增加量，即 128×256。

10.2　结果与讨论

10.2.1　木质素得率与纯度

利用木质素作为工业原料的首要任务就是尽可能多地将它从植物原料中分离出来，同时还要最大限度地保留其天然结构特征不变化。然而，在植物细胞壁中，木质素与纤维素及半纤维素之间存在着牢固的氢键和化学键连接。因此，只有将木质素与半纤维素及其他组分之间的各种物理和化学连接打断，才能有效地将其从细胞壁中分离出来(Xu et al.，2007)。由表 10-1 可知，80%酸性乙醇，80%碱性乙醇，2.0%、5.0%和 8.0% NaOH 水溶液在 75℃条件下依次抽提 4h，可以得到 L_1、L_2、L_3、L_4 和 L_5 五个木质素样品，它们的得率分别为 3.4%、2.6%、6.4%、6.1% 和 3.8%(按绝干原料质量百分比计)。为了准确评价本研究所采用的提取方法对木质素的抽提效率，本章测定了所有木质素样品的化学纯度。由表 10-1 的测定结果所示，样品 L_1、L_2、L_3、L_4 和 L_5 的木质素含量(包括酸溶木质素和酸不容木质素) 分别为 80.2%、95.4%、98.2%、98.2%和 97.7%。基于木质素样品纯度分析结果，可以换算得出乙醇和 NaOH 水溶液多步抽提一共得到占竹材原本木质素含量 74.4%的木质素。另外，需要注意的是本研究所得到的 5 个巨龙竹半纤维素样品中一共含有占原料质量百分比为 1.9%木质素，相当于巨龙竹秆材中 6.6%的木质素。总的来看，80%乙醇两步抽提和 NaOH 水溶液三步抽提一共抽出 80.9%的木质素。如此高的木质素抽提率说明乙醇和 NaOH 水溶液连续抽提是一种高效的木质素分离提取方法。

表 10-1　巨龙竹木质素组分的得率及糖含量

Tab. 10-1　Yields (% dry bamboo sample，*w/w*) and neutral sugar contents

of lignin fractions isolated from *Dendrocalamus sinicus*

	木质素样品(%木质素样品，*w/w*)				
	L_1	L_2	L_3	L_4	L_5
得率 [a]	3.4	2.6	6.4	6.1	3.8
鼠李糖	ND [b]	ND	ND	ND	ND
阿拉伯糖	Tr [c]	ND	0.1	ND	0.1
半乳糖	ND	ND	ND	ND	Tr
葡萄糖	3.0	0.1	0.1	0.2	0.1
木糖	0.5	0.1	0.2	0.2	0.6
葡萄糖醛酸	ND	0.1	0.1	0.1	0.1
半乳糖醛酸	0.24	ND	ND	ND	ND
总得率 [d]	5.7	0.2	0.6	0.6	1.0

[a] 指竹材木质素样品得率(%绝干竹材原料，*w/w*)；[b] N.D，未检测出；[c] Tr，微量；[d] 指竹材木质素样品所含半纤维素的量(%绝干木质素样品，*w/w*)。

通过分析酸水解产物可以测定连接在巨龙竹木质素样品的半纤维素组分。测定结果见表 10-1。测定结果表明，5 个木质素组分的化学纯度都很高，半纤维素含量仅为 0.2%～5.7%。这充分说明酸性乙醇、碱性乙醇及 NaOH 溶液分步抽提能有效地打断巨龙竹中木质素与半纤维素之间的各种化学连接键，实验所选用的方法是非常有效的木质素组分分离纯化方法。另外，从对木质素样品的糖分析结果可以发现，葡萄糖是木质素酸水解产物的主要单糖，木糖及其他单糖的含量很低，这表明掺杂在 5 个木质素样品中的碳水化合物主要为淀粉或葡聚糖(Shi et al.，2013b)。这一结果与第 12 章对云南甜竹木质素纯度的分析结果是一致的。

10.2.2　木质素分子质量及其分布

木质素的分子质量及其多分散性可以通过凝胶色谱测定得到。本研究对 5 个巨龙竹木质素分子质量的测定结果见表 10-2。由于凝胶色谱测定分子质量是通过与聚苯乙烯标样比对而得的，因此，实验所得的木质素分子质量是相对值，而非绝对值。分子质量测定结果表明，酸性乙醇和碱性乙醇可溶性木质素样品 L_1 和 L_2 的分子质量很小，分别为 1360g/mol 和 1380g/mol，二者基本一致。相比较而言，NaOH 溶液抽提得到的 3 个木质素样品 L_3、L_4 和 L_5 的分子量比较大，分别为 6040g/mol、5300g/mol 和 5730g/mol。这一结果与实验前的预想基本吻合，因为在植物细胞壁中，木质素分布于细胞壁各层次的微纤丝之间，而且木质素与半纤维素之间存在多种化学连接，温和抽提只能溶出其中易溶的小分子物质，只有提高抽提强度才能将分子质量更大的组分从细胞壁中有效分离出来(Shi et al.，2012)。

表 10-2　巨龙竹木质素组分的重均分子质量(M_w)、
数均分子质量(M_n)和多分散性(M_w/M_n)

Tab. 10-2　Weight-average (M_w) and number-average (M_n) molecular weights, and polydispersity (M_w/M_n) of lignin fractions isolated from *Dendrocalamus sinicus*

	Lignin fractions				
	L_1	L_2	L_3	L_4	L_5
M_w g/mol	1360	1380	6040	5300	5730
M_n g/mol	1310	1320	4770	3150	4850
M_w/M_n g/mol	1.0	1.1	1.3	1.7	1.2

　　木质素分子质量的多分散性对其利用价值有重要影响。一般而言，分子质量分布越均匀，其利用价值越高。因此，得到分子质量均一的木质素具有重要的实际意义。在本研究中，所得到的 5 个巨龙竹木质素样品的分子质量分布都很均一，分子质量分布范围都很窄(M_w/M_n=1.0～1.7)。这一结果说明本研究所用的木质素分离纯化方法不失为一种有效的木质素分子分级抽提方法。

10.2.3　木质素红外光谱分析

　　为进一步探讨木质素样品结构的差异性，本研究对实验所得的所有木质素样品进行了红外光谱分析，并参照现有研究文献对红外光谱中各个吸收峰进行了标识(Marques et al.，2006；Faix，1991；Xu et al.，2005)。

　　从图 10-1 可以看出，5 个巨龙竹木质素样品红外光谱的吸收峰都非常相似，表明木质素样品具有结构一致性，也间接说明实验所采用的分离纯化方法没有明显改变木质素的化学结构。仔细分析木质素样品的 FT-IR 谱图不难发现，所有样品都呈现出典型的木质素红外光谱吸收峰。其中，3398cm^{-1} 处的强吸收峰为 O—H 的伸缩振动峰，2924cm^{-1} 和 2850cm^{-1} 处的吸收峰分别来自甲基和亚甲基的 C—H 伸缩振动。样品在 1597cm^{-1}、1508cm^{-1} 和 1423cm^{-1} 处的吸收峰为木质素苯环骨架振动的特征吸收峰，而 1462cm^{-1} 处的吸收峰为苯环 C—H 及甲氧基 C—H 的变形振动。上述研究结论与 Wen 等(2010b)对硬头黄竹(*Bambusa rigida* species)木质素的研究结果一致，也与 Fengel 和 Shao(1985)对桂竹(*Pyllostachys makinoi* Hay)木质素的研究结果相符。在 1709cm^{-1} 处吸收峰为非共轭酮基、羧基及酯键的 C=O 振动吸收峰，如乙酰基、阿魏酸酯等。1365cm^{-1} 的吸收峰源于苯环游离酚羟基，该峰在本实验的 FT-IR 图中非常弱，表明木质素大分子中游离酚羟基数量非常有限，间接说明 *β-O-4′* 和 *α-O-4′* 等苯基醚键在木质素分离过程中没有断裂。

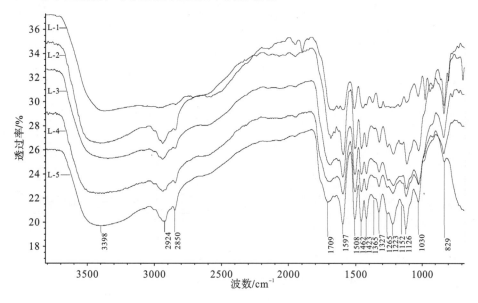

图 10-1 巨龙竹木质素组分的红外光谱图

Fig. 10-1 FT-IR spectra of lignin fractions isolated from *Dendrocalamus sinicus*

10.2.4 木质素核磁共振分析

10.2.4.1 碳谱分析

巨龙竹样品 L$_2$ 和 L$_4$ 的 13C-NMR 如图 10-2 所示，碳谱中的有关信号依据参考文献进行归属(Capanema et al.，2005；Sun et al.，2005a；Wen et al.，2010b；Shi et al.，2013a)，各信号峰的详细归属列于表 10-3。其中，104~168ppm 为木质素特征峰区。在这一区域，信号 168.1ppm、159.8ppm、144.3ppm、130.1ppm、125.3ppm、116.7ppm 和 115.9ppm 分别代表对香豆酸酯(pCA)的 C-γ、C-4、C-α、C-2/C-6、C-1、C-3/C-5 和 C-β。13C-NMR 图谱中对香豆酸酯的信号特别强，说明巨龙竹木质素中对香豆酸酯的含量很高。也间接表明酸性乙醇、碱性乙醇及 NaOH 连续抽提没有完全打断木质素中的对香豆酸酯键。当然，本研究的 13C-NMR 谱图是在定性模式下采集而得，所得的信号强度不能定量地反映出对香豆酸酯键的实际数量。

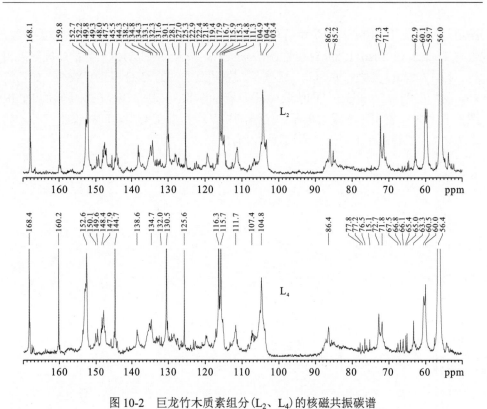

图 10-2　巨龙竹木质素组分（L_2、L_4）的核磁共振碳谱

Fig. 10-2　^{13}C-NMR spectra of lignin fractions（L_2 and L_4）isolated from *Dendrocalamus sinicus*

表 10-3　巨龙竹木质素组分（L_2 和 L_4）的 ^{13}C-NMR 信号归属

Tab. 10-3　Chemical shift values（δ，ppm）and signal assignments

of lignin fractions（L_2 and L_4）isolated from *Dendrocalamus sinicus*

化学位移/ppm	信号归属	化学位移/ppm	信号归属
191.2	α-CHO，肉桂醛	122.9	C-6，FA
174.0	C-6，4-*O*-甲基葡萄糖醛酸	122.4	C-6，醚化的阿魏酸
171.4	–COOH，脂肪酸	119.4	C-6，G；C-5，G
168.1	C-γ，醚化的阿魏酸，*p*CA	116.7	C-3/C-5，*p*CA
166.7	C-γ，*p*CA	115.9、115.3	C-β，*p*CA
159.8	C-4，*p*CA	114.8	C-5，G 单元
152.7	C-3/C-5，S 单元	114.4	C-3/C-5，H 单元（醚化）
149.8	C-3，G 单元（醚化）	111.4	C-2，G 单元
148.0	C-3，G 单元	105.9	C-2/C-6，S 单元（有 α-C=O）

续表

化学位移/ppm	信号归属	化学位移/ppm	信号归属
147.5	C-4，G 单元（醚化）	104.4	C-2/C-6，S 单元
147.5	C-4，G 单元	86.0	C-β，β-O-4'
145.5	C-4，G 单元（非醚化）	85.2	C-α，β-β'
145.1	C-4，G 单元（非醚化 β-5'）	72.3	C-α，β-O-4'
144.7	C-α 和 C-β，pCA	71.4	C-γ，β-β'
144.3	C-α，pCA	62.9	C-γ，β-5'
138.2	C-4，S 单元（醚化）	60.1、59.7	C-γ，β-O-4'
134.8	C-1，S 单元（醚化）	56.0	OCH₃，G 和 S 单元
134.3	C-1，G 单元（醚化）	53.5	C-β，β-5'
133.4	C-1，S 和 G 单元（非醚化）	52.3	C-β，β-β'
133.1	C-1，S 单元（非醚化）	39.5	DMSO
130.1	C-2/C-6，pCA	31.4	酮或脂肪族侧链的 CH₃
129.9、128.1	C-2/C-6，H 单元	30～15	侧链 CH₃ 或 CH₂
125.3	C-1，pCA	14.3	丙烷结构的 γ-CH₃

缩写：G，愈创木基丙烷；S，紫丁香基丙烷；H，对羟基苯丙烷；pCA，酯化的对香豆酸；FA，酯化的阿魏酸。

　　红外分析已经证明，巨龙竹木质素属于禾草类木质素。在本研究中，巨龙竹木质素大分子 3 种基本单元(G、S、H)的苯环信号非常明显。S 型结构单元的信号峰分别为 152.7ppm（C-3/C-5，醚化的）、138.2ppm（C-4，醚化的）、134.8ppm（C-1，醚化的）、133.1ppm（C-1，非醚化的）、105.9ppm 和 104.4ppm（C-2/C-6）。G 型结构单元的信号峰分别为 149.8ppm 和 148.0ppm（C-3，醚化和非醚化的）、147.5ppm（C-4，醚化的）、145.5ppm（C-4，非醚化的）、134.3ppm（C-1，醚化的）、119.4ppm（C-6）、114.8ppm（C-5）和 111.4ppm（C-2）。H 型结构单元 C-2/C-6 位两个弱的信号峰分别在 129.9ppm 和 128.1ppm。

　　在侧链信号区，木质素丙烷单元间的各种常见连接键的信号均可以检测到。β-O-4'连接结构中 C-β、C-α 和 C-γ 的信号分别出现在 86.0ppm、72.3ppm 和 60.1ppm；β-β'连接结构的信号出现在 71.4ppm（C-γ，β-β'）；β-5'连接的信号出现在 87.1ppm（C-α，β-5'）和 62.9ppm（C-γ，带 α-C=O 的 β-5'/β-O-4'连接）。在 14.3～31.4ppm 区域的信号主要归属于木质素丙烷侧链的 γ-甲基、α-亚甲基和 β-亚甲基。而位于 56.0ppm 的强信号属于愈创木基或紫丁香基的—OCH₃。除此之外，在 57～103ppm 发现一些微弱的糖信号，表明 L₂ 和 L₄ 夹杂着少量半纤维素。这与表 10-1 中木质素样品纯度分析结果吻合。

10.2.4.2　二维核磁分析

巨龙竹木质素样品 L_2 和 L_4 的二维 HSQC 谱图如图 10-3 所示，各相关信号峰的归属参照现有文献(Martínez et al.，2008；Del Río et al.，2009；Rencoret et al.，2009)，归属结果见表 10-4。从图 10-3 可以看出，侧链区提供了许多有关木质素基本单元之间连接方式的重要特征信号。B-O-4′结构(A、A′和 A″)的信号非常明显，其 α、γ 位的相关信号分别在 δ_C/δ_H 72.3ppm/4.8ppm、60.1ppm/3.7ppm，S 型 β-O-4′结构 β 位的相关信号在 δ_C/δ_H 86.0ppm/4.1ppm，G、H 及 γ 位酰化的 S 型 β-O-4′结构 β 位的相关信号转移到 δ_C/δ_H 83.9ppm/4.3ppm。β-β′/α-O-γ′/γ-O-α′结构 (B，树脂醇)的相关信号很强，其 α、β 和两个 γ 位的相关信号分别在 δ_C/δ_H 85.2ppm/4.6ppm、53.9ppm/3.0ppm、71.4ppm/3.8ppm 和 4.2ppm。β-5′结构(C，苯基香豆满)α、β 和 γ 位的相关信号分别在 δ_C/δ_H 87.5ppm/5.6ppm、53.5ppm/3.5ppm 和 62.7ppm/3.8ppm。对于螺旋二烯酮结构(D，β-1′及 α-O-α′)，其 α 位的信号位于 δ_C/δ_H 79.2ppm/5.6ppm，但由于该结构在植物体中的相对量本来就很少，因此在 HSQC 图谱中的信号非常弱。

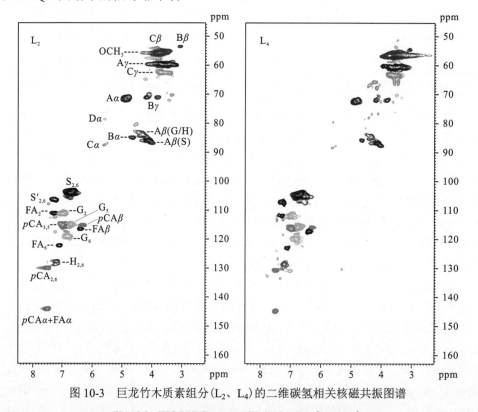

图 10-3　巨龙竹木质素组分(L_2、L_4)的二维碳氢相关核磁共振图谱

Fig. 10-3　HSQC-NMR spectra of lignin fractions (L_2 and L_4)

isolated from *Dendrocalamus sinicus*

表 10-4　巨龙竹木质素组分(L₂ 和 L₄)HSQC 谱图中的 $^{13}C-^{1}H$ 相关信号归属

Table 10-4　Assignments of $^{13}C-^{1}H$ correlation signals in the HSQC spectra of lignin

fractions（L₂ and L₄）isolated from *Dendrocalamus sinicus*

信号/ppm	结构片段	信号归属
53.5/3.46	C_β	$C_\beta–H_\beta$，苯基香豆满结构(C)
53.9/3.04	B_β	$C_\beta–H_\beta$，树脂醇结构(B)
56.0/3.70	MeO	C–H，甲氧基
60.1/3.73	A_γ	$C_\gamma–H_\gamma$，$\beta\text{-}O\text{-}4'$醚键结构(A)
62.9/3.78	C_γ	$C_\gamma–H_\gamma$，苯基香豆满结构(C)
71.4/3.83、4.16	B_γ	$C_\gamma–H_\gamma$，树脂醇结构(B)
72.3/4.83	A_α	$C_\alpha–H_\alpha$，$\beta\text{-}O\text{-}4'$醚键结构(A)
79.2/5.59	D_α	$C_\alpha–H_\alpha$，螺旋二烯酮结构(D)
83.9/4.32	$A_{\beta(G)}$	$C_\beta–H_\beta$，$\beta\text{-}O\text{-}4'$醚键结构(A)
85.2/4.64	B_α	$C_\alpha–H_\alpha$，树脂醇结构(B)
86.0/4.11	$A_{\beta(S)}$	$C_\beta–H_\beta$，$\beta\text{-}O\text{-}4'$醚键结构(A)
86.9/5.59	C_α	$C_\alpha–H_\alpha$，苯基香豆满结构(C)
104.4/6.68	$S_{2,6}$	$C_{2,6}–H_{2,6}$，S 单元(醚化)
105.9/7.28	$S'_{2,6}$	$C_{2,6}–H_{2,6}$，氧化紫丁香基结构(α 位为羰基)
111.3/6.95	G_2	$C_2–H_2$，G 单元
114.8/6.71	G_5	$C_5–H_5$，G 单元
115.3/6.32	pCA_β	$C_\beta–H_\beta$，酯化的对香豆酸(pCA)
116.7/6.32	$pCA_{3,5}$	$C_{3,5}–H_{3,5}$，酯化的对香豆酸(pCA)
119.4/6.81	G_6	$C_6–H_6$，G 单元
122.9/7.06	FA_6	$C_6–H_6$，酯化的阿魏酸(FA)
128.1/7.16	$H_{2,6}$	$C_{2,6}–H_{2,6}$，H 单元
130.1/7.51	$pCA_{2,6}$	$C_{2,6}–H_{2,6}$，酯化的对香豆酸(pCA)
144.3/7.51	pCA_α	$C_\alpha–H_\alpha$，酯化的对香豆酸(pCA)

缩写：G，愈创木基丙烷；S，紫丁香基丙烷；H，对羟基苯丙烷；pCA，酯化的对香豆酸；FA，酯化的阿魏酸。

　　从二维 HSQC 核磁图谱的芳香环区可以很好地分辨出紫丁香基结构(S)、愈创木基结构(G)和对羟苯基结构(H)的相关信号。S 型结构单元 $C_{2,6}$—$H_{2,6}$ 的相关信号在 δ_C/δ_H 104.3ppm/6.8ppm；G 型结构单元 C_2—H_2、C_5—H_5、C_6—H_6 信号分别

位于 δ_C/δ_H 111.3ppm/7.0ppm、114.8ppm/6.7ppm 和 119.4ppm/6.8ppm；C_α 位具有羰基的紫丁香基(S'、S'')的信号分别位于 δ_C/δ_H 104.8ppm/7.4ppm；对羟苯基结构(H)$C_{2,6}$—$H_{2,6}$ 相关信息位于 δ_C/δ_H 128.1ppm/7.2ppm，而其相对应 $C_{3,5}$—$H_{3,5}$ 位的相关信号则与 G 型结构单元的相关信号重叠。除此之外，酯化的对香豆酸单元(pCA)的信号在 HSQC 图谱中也非常明显，$C_{2,6}$—$H_{2,6}$ 和 $C_{3,5}$—$H_{3,5}$ 的信号分别位于 δ_C/δ_H 130.1ppm/7.5ppm 和 116.7ppm/6.3ppm。其侧链 C_α 和 C_β 的信号分别位于 δ_C/δ_H 144.3ppm/7.5ppm 和 115.3/6.3ppm。

　　通过计算二维核磁(HSQC)信号峰的积分强度，可以测算出木质素样品中主要连接键的相对百分比，同时也可以测算出木质素大分子中 S/G 的相对值 (Zhang and Gellerstedt, 2007)。在本研究中，木质素样品 L_2 和 L_4 的主要键型及 S/G 值测定结果见表 10-5。从分析结果可以看出，木质素大分子基本单元之间的连接键主要是 β-O-4'醚键结构，其次是 β-β'、β-5'和 β-1'结构。木质素样品 L_4 的 β-O-4'醚键结构的相对含量高于 L_2，说明碱性抽提过程会部分打断大分子之间的 β-O-4'键。

表 10-5　巨龙竹木质素组分(L_2 和 L_4)主要连接键的相对百分比及 S/G 值

Tab. 10-5　Quantitative characteristics of the lignin fractions (L_2 and L_4) isolated from *Dendrocalamus sinicus* by quantitative NMR method

	S/G	β-O-4'	β-β'	β-5'	β-1'
L_2	2.5	68.7	15.9	9.4	6.0
L_4	2.7	81.5	9.2	5.2	4.2

　　大分子中 S/G 值是影响木质素生物炼制的一个重要性能参数。本研究中，巨龙竹木质素样品 L_2 和 L_4 的 S/G 值分别为 2.5 和 2.7。在脱木质素过程中，S 单元比例高的木质分子往往容易被首先抽提出来，而 S 单元比例少的木质素分子比较难抽提。但本研究所得的研究结果却与此相反，其原因可能是抽提过程第一步弱酸处理对木质素的溶解性带来了新的影响。此外，木质素在巨龙竹细胞壁中特殊分布形式也可能与本实验结果有关联关系。然而，需要做更多深入研究才能最终查清其真正原因。

　　根据 FT-IR、^{13}C-NMR、2 D HSQC-NMR 等波谱学分析结果，本研究最终推测出巨龙竹木质素属于 GSH 型木质素。木质素大分子基本单元之间的连接键主要是 β-O-4'醚键结构，其次是 β-β'、β-5'和 β-1'结构。巨龙竹木质素大分子可能存在的主要结构单元如图 10-4 所示。

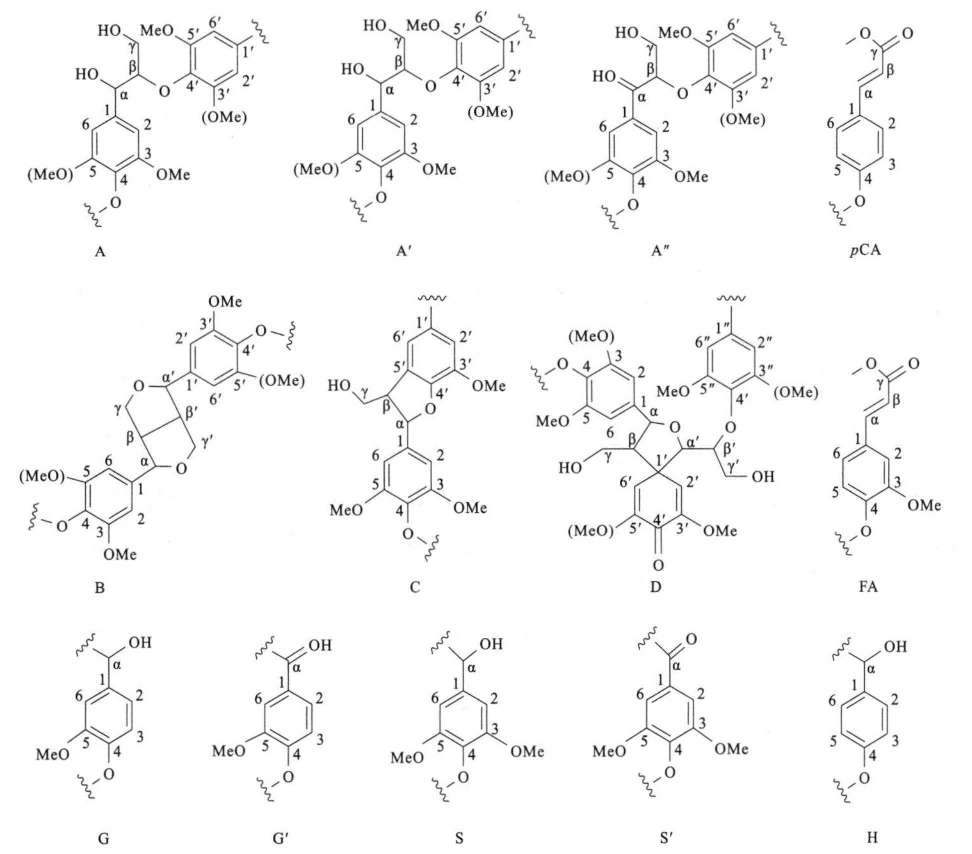

图 10-4　巨龙竹木质素组分 (L$_2$ 和 L$_4$) 二维碳氢相关核磁图谱中侧链区及芳香环区主要连接结构及结构单元 A. β-O-4'醚键结构, γ 位为羟基; A'. β-O-4'醚键结构, γ 位为乙酰基; A". β-O-4'醚键结构, γ 位为酯化对羟基苯甲酸酯; pCA. 对香豆酸酯结构; B. 树脂醇结构, 由 β-β'、α-O-γ'和 γ-O-α'连接而成; C. 苯基香豆满结构, 由 β-5'和 α-O-4'连接而成; D. 螺旋二烯酮结构, 由 β-1'和 α-O-α'连接而成; FA. 阿魏酸酯结构; G. 愈创木基结构; G'. 氧化愈创木基结构, α 位为酮基; S. 紫丁香基结构; S'. 氧化紫丁香基结构, α 位为酮基; H. 对羟苯基结构

Fig. 10-4　Main substructures presented in the lignin fractions isolated from *Dendrocalamus sinicus*: A. β-O-4' linkages; A'. γ-acetylated β-O-4' substructures; A". γ-p-coumaroylated β-O-4' linkages; pCA. p-coumarate ester structures; B. resinol structures formed by β-β'/α-O-γ'/γ-O-α' linkages; C. phenylcoumarane structures formed by β-5'/α-O-4' linkages; D. spirodienone structures formed by β-1'/α-O-α'linkages; FA. ferulate ester structures; G. guaiacyl unit; G'. oxidized guaiacyl units with a C$_\alpha$ ketone; S. syringyl unit; S'. oxidized syringyl unit linked a carbonyl group at C$_\alpha$ phenolic); H. p-hydroxy phenylpropane unit

10.3　本　章　小　结

以世界上最高大的竹子(巨龙竹)为实验原材料,采用 80%酸性乙醇(含 0.025mol/L HCl)、80%碱性乙醇(含 0.5% NaOH)和碱性水溶液(含 2.0%、5.0%、8.0% NaOH)连续抽提竹材,得到 5 个木质素样品(L_1、L_2、L_3、L_4 和 L_5)。通过对得率、化学纯度、分子量、红外光谱、一维及二维核磁共振等分析,系统表征了巨龙竹木质素的化学结构特征。研究结果表明,酸性乙醇、碱性乙醇和 NaOH 溶液连续抽提总计从巨龙竹原料中抽提出 80.9%的木质素(按木质素总含量计)。其中,醇溶性木质素分子质量较小(1360~1380g/mol),碱溶性木质素分子质量较大(5300~6040g/mol)。光谱学分析结果表明,巨龙竹木质素属于典型的禾草类木质素,即 GSH 型木质素,巨龙竹木质素大分子的主要连接键为 $\beta\text{-}O\text{-}4'$ 醚键,其次是 $\beta\text{-}\beta'$、$\beta\text{-}1'$ 和 $\beta\text{-}5'$ 等。同时,研究还发现,在巨龙竹木质素大分子中,苯丙烷结构侧链 γ 位碳与对香豆酸存在化学键连接,形成对香豆酸酯。

第11章 巨龙竹有机溶剂木质素及LCC
连接键的结构表征

　　木质纤维原料是一种重要的可再生资源，可以被广泛用作能源、化学品和功能材料等生产领域的原材料。近些年来，由于全世界对可再生能源需求量的不断增加，木质纤维素原料因其特有的可再生性和可持续性而成为世界各国研究开发的热点(Ragauskas et al.，2006；Lucia，2008；Bozell，2010)。

　　木质纤维素原料的主要化学组成包括纤维素、木质素和半纤维素。由于化学结构不同，这三大组分分别有着不同的开发利用前景。开发利用木质生物质资源，往往要对细胞壁主要组分进行分离及纯化处理。然而，在木质纤维原料细胞壁中，纤维素、木质素和半纤维素三大主要组分之间存在着牢固的物理缠绕关系，使得组分分离和纯化变得十分困难(Ikeda et al.，2002)。同时，木质素和碳水化合物之间存在着牢固的化学键，形成木质素-碳水化合物复合物(LCC)，这在很大程度上也增加了细胞壁组分分离的难度(Landucci，1985；Xia et al.，2001；Holtman et al.，2004；Capanema et al.，2004 a，2005；Zhang and Gellerstedt，2007；Balakshin et al.，2011)。

　　关于从植物细胞壁中分离纯化 LCC 的报道很多，如从高度球磨原料中提取、在磨木木质素分离过程中提取、从酶解或化学处理残渣中提取、从化学脱木质素黑液中提取、从纸浆中提取、对植物原料衍生化后提取、模型物模拟合成、植物组织培养等(Björkman，1956；Chang et al.，1975；Adler，1977；Balakshin et al.，2001；Capanema et al.，2004b；Fujimoto et al.，2005；Lawoko et al.，2005；Hu et al.，2006)。在上述众多方法中，球磨方法和磨木木质素提取方法是最受推崇的两种方法，因为相比较而言，这两种方法最能保持原料中 LCC 的原始结构，而其他方法中化学或生物化学处理可能会打断 LCC 结构中的部分连接键(Björkman，1956)。

　　本章采用改进的木质素及 LCC 提取方法，从经球磨的巨龙竹粉中连续提取得到碳水化合物含量较高的木质素样品，利用湿法化学和现代仪器分析技术相结合的方法对巨龙竹木质素样品及其中的 LCC 连接键进行定性和定量表征。

11.1 材料与方法

11.1.1 实验材料

实验用的巨龙竹为 3 年生竹材，采自云南省临沧市沧源佤族自治县。竹子秆材风干后切成小块，粉碎，过筛，不同粒径原料分别收集，干燥后保存。取粒径小于 60~80 目的竹子样品，于索氏抽提器中用甲苯：乙醇(2∶1，V/V)抽提 6h，去除抽提物。抽提后的竹子原料在 50℃烘箱中干燥 16h，存于干燥器中，备实验分析之用。巨龙竹原料含纤维素 44.5%，半纤维素 17.6%，木质素 28.6%，测定方法参照美国国家可再生能源实验室标准方法(Sluiter et al.，2008)。

11.1.2 木质素分离纯化

为了提取得到更多富含 LCC 结构的木质素组分，本研究首先采用行星球磨机对巨龙竹木粉进行球磨，球磨条件为：取 20g 粒径小于 60 目的脱蜡竹子样品，在一个含有 10 个直径为 2cm 和 25 个直径为 1cm 氧化锆珠子的氧化锆罐体(500mL)中进行行星球磨(P6，德国 FRITSCH 公司)，球磨速度为 500r/min，球磨在氮气氛围下进行，为防止罐体过热，每球磨 10min 后暂停 10min，累计球磨时间为 8h。球磨后的竹粉依次用 96%二氧六环(常温下)、DMSO(85℃)抽提 48h 和 5h，抽提固液比为 1∶20(g∶mL)。参照第 8 章 8.1.2 节纯化方式，采用乙醇沉淀得到半纤维素组分，采用酸水沉淀得到木质素组分。经纯化后分别得到一个巨龙竹磨木木质素样品(MWL)和一个 DMSO 可溶性木质素样品(DSL)，同时还得到两个半纤维素样品。所有实验都重复两次操作，实验标准偏差小于 4.8%。样品得率按产物占原料百分比计算。分离流程如图 11-1 所示。

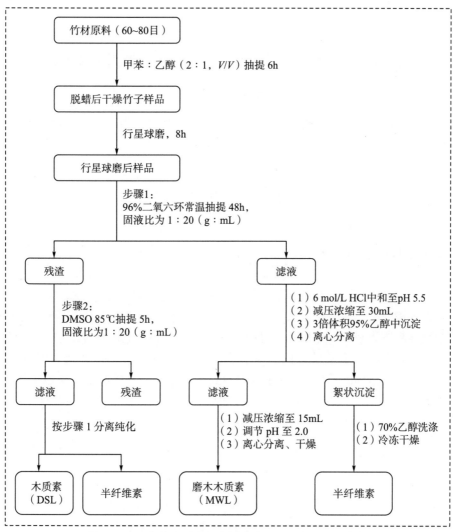

图 11-1　巨龙竹木质素及半纤维素组分分离流程示意图

Fig. 11-1 Scheme for extraction of lignin and hemicellulosic fractions from *Dendrocalamus sinicus*

11.1.3　木质素结构表征

11.1.3.1　木质素化学组分分析

按第 10 章 10.1.3.1 节所述方法测定巨龙竹木质素的化学纯度。

11.1.3.2　木质素分子量测定

按第 10 章 10.1.3.2 节所述方法测定巨龙竹木质素的分子质量及其分布特征。

11.1.3.3　木质素红外光谱分析

按第 10 章 10.1.3.4 节所述方法测定巨龙竹木质素的红外光谱特征。

11.1.3.4　木质素核磁共振分析

按第 10 章 10.1.3.5 节所述方法测定巨龙竹木质素的 ^{1}H、^{13}C、HSQC-NMR 核磁共振光谱特征。

11.2　结果与讨论

11.2.1　木质素组分分离

碱抽提是木质素分离常用的方法，这种方法提取木质素的收率高，但是所得木质素结构受碱影响变化较大，且木质素与半纤维素之间的化学连接键在抽提过程中很容易发生断裂。球磨后中性溶剂温和条件下抽提(如 MWL)虽然能保留木质素和木质素-碳水化合物之间的原本结构，但是这种方法提取木质素得率不高，缺乏对木质素结构的代表性。为了抽提得到更多能代表原料木质素及 LCC 原本结构的木质素样品，本章实验设计了先用 96%二氧六环溶液在常温下抽提、再用中性 DMSO 在 85℃抽提的木质素抽提方式。由于两种抽提剂都是中性溶剂，且两步抽提都在温和条件下进行，抽提过程对木质素及 LCC 结构的破坏很小，更能够代表原料中木质素及 LCC 的原本结构。

实验结果表明，二氧六环抽提木质素(MWL)得率为 6.1%，与以往报道的磨木木质素抽提得率接近(Chang et al., 1975)；经二氧六环抽提后的残渣再用 DMSO 抽提 5h，木质素(DSL)的得率为 8.8%(表 11-1)。两步抽提一共得到占原料干重 14.9%的木质素，抽出木质素总量占巨龙竹原料木质素含量的 52.1%。显然，两步抽提木质素的得率比传统的磨木木质素一步抽提得到的木质素得率高，更能代表原料中的木质素。

表 11-1　巨龙竹木质素样品得率及糖含量

Tab. 11-1　Yields and carbohydrate contents of lignin fractions isolated from the dewaxed *Dendrocalamus sinicus*

样品	得率/%	木质素含量/%	糖含量/%	糖分组成相对含量/%					
				Rha	Ara	Gal	Glu	Xyl	Glca
MWL	6.1	81.5	16.2	ND	3.2	ND	10.9	84.7	1.2
DSL	8.8	87.6	9.7	ND	2.1	ND	8.4	89.5	ND

注：Rha. Rhamnose, 鼠李糖；Ara. Arabinose, 阿拉伯糖；Gal. galactose, 半乳糖；Glu. Glucose, 葡萄糖；Xyl. Xylose, 木糖；Glca. glucuronic acid, 糖醛酸；ND. 未检测到。

11.2.2　化学组成分析

通常情况下，当对某种原料的木质素进行结构分析时，需进一步对分离得到的磨木木质素样品进行纯化处理以去除其中的多糖等杂质，但是这一过程往往比较繁杂，需要进行多步处理(Björkman，1954；Pew，1957；Chang et al.，1975；Hu et al.，2006)，更重要的是这些处理过程往往会去除大量富含 LCC 的木质素组分。本研究中，为了得到富含 LCC 组分的木质素样品用于其连接键的表征，特意对传统磨木木质素纯化方法进行了改进，将两步抽提滤液分别按照 Sun 等(1999)创建的方法进行纯化处理，即将滤液减压蒸馏浓缩至一定体积后在 3 倍体积 95%的乙醇溶液中进行沉淀，以去除滤液中的半纤维素组分，然后继续对滤液进行减压蒸馏浓缩，并用 6mol/L 的盐酸将浓缩后液体的 pH 调到 1.5～2.0，以析出溶解的木质素(MWL、DSL)。

巨龙竹 MWL 和 DSL 两个木质素样品的化学组成分析结果见表 11-1。从表 11-1化学组成分析结果可以看出，MWL 和 DSL 中糖的含量均较高，分别为 16.2%和9.7%；两个木质素样品中聚糖主要由木糖组成(MWL，84.7%；DSL，89.5%)，同时含有少量的葡萄糖、阿拉伯糖和葡萄糖醛酸，这与 Yuan 等(2011)对三倍体毛白杨磨木木质素和弱酸水解木质素化学组分分析结果一致。Balakshin 等(2007)按照传统贝克曼磨木木质素分离方法分别从松木和桦木中分离得到两个含糖量为 1.5%和8.7%的磨木木质素样品，其木质素中含糖量明显低于本研究中木质素样品。造成该差异的原因在于木质素样品纯化方式不一样。

糖分析结果表明，MWL 和 DSL 两个木质素样品中均含有较高比例的聚木糖类半纤维素组分。由于实验所设计的二氧六环及 DMSO 两种溶剂均为中性溶剂，且抽提均在温和条件下进行，抽提处理不具备破坏木质素-碳水化合物之间化学结合键的能力，因此，保留在木质素样品中的半纤维素聚糖应该是以化学键连接在木质素上。这十分有利于 LCC 连接键的结构分析。有研究人员曾经指出，如果能够对提取磨木木质素后的原料残渣中残留的木质素进行结构表征，将能促进对原料细胞壁中更多木质素组分及 LCC 结构的了解(Furuno et al.，2006)。基于此，如果能够证明本实验中得到的两个含糖量高的木质素样品结构相似，同时证明在DMSO 抽提过程中木质素结构没有遭到破坏，那么就可以将 MWL 和 DSL 结合起来共同表征木质素和 LCC 的化学结构特征，从而获得更多有关巨龙竹木质素和LCC 结构的相关信息。

11.2.3　分子质量分析

巨龙竹木质素组分 MWL 和 DSL 的重均分子质量(M_w)和数均分子质量(M_n)

通过凝胶色谱测定得到,以苯乙烯标样作为标准,结果见表 11-2。从表 11-2 中可以看出,MWL 和 DSL 的重均分子质量非常接近,分别为 4650g/mol 和 3760g/mol,比第 10 章中 75℃乙醇抽提得到的巨龙竹木质素样品的分子质量高,但稍低于 NaOH 抽提得到的巨龙竹木质素的分子质量。此外,本研究中 MWL 的重均分子质量略高于 DSL,导致这一微小差异的原因可能是两个木质素样品含糖量不一样。据报道,与木质素相连的碳水化合物会增加木质素的流体力学体积,当用 GPC 测量木质素的分子质量时,木质素样品中残留的半纤维素会增加木质素的表观摩尔质量(Jääskeläinen et al.,2003)。表 11-1 中糖分析结果验证了这种解释的可能性。此外,对 MWL 和 DSL 分子质量的研究还发现,这两个木质素样品的分子质量分布都相对较窄,其多分散性(M_w/M_n)小于 1.8。

表 11-2　巨龙竹木质素组分重均分子质量(M_w)、
数均分子质量(M_n)和多分散性(M_w/M_n)

Tab. 11-2　Weight-average (M_w) number-average (M_n) molecular weights
and polydispersity (M_w/M_n) of the lignin fractions isolated from *Dendrocalamus sinicus*

	木质素组分	
	MWL	DSL
M_w	4650	3760
M_n	2840	2090
M_w/M_n	1.6	1.8

11.2.4　红外光谱分析

本研究采用红外光谱技术对制备得到的两个巨龙竹木质素样品进行了测试,结果如图 11-2 所示。从图 11-2 中可以看出,除吸收峰强度稍有差异外,MWL 和 DSL 两个木质素样品的红外光谱非常相似,这说明与 96%二氧六环抽提一样,85℃条件下 DMSO 抽提保留了木质素及 LCC 结构,木质素样品 DSL 可以和 MWL 结合起来共同表征巨龙竹木质素及 LCC 的化学结构特征。巨龙竹木质素 MWL 和 DSL 的红外光谱归属与第 10 章 10.2.3 节相同。其中,3423cm^{-1} 处的吸收峰来源于芳香族和脂肪族 OH 的 O—H 伸缩振动;2939cm^{-1} 处的吸收峰来源于甲基和亚甲基的 C—H 伸缩振动;1655cm^{-1} 处的吸收峰来源于木质素分子中对位取代芳香酮的共轭羰基;1590cm^{-1}、1501cm^{-1} 和 1420cm^{-1} 处的吸收峰为苯环骨架的特征吸收峰;1456 cm^{-1} 处的吸收峰为与苯环相连的 C–H 变形振动;紫丁香基和缩合愈创木基在 1325cm^{-1} 处有一吸收峰;1224cm^{-1} 处的吸收峰为 C—C、C—O 和 C=O 振动;1030cm^{-1} 处的吸收峰为芳香环 C—H 平面内变形振动。显然,依据 1156cm^{-1}、1119cm^{-1} 及 832cm^{-1} 处三个吸收峰可判断 MWL 和 DSL 均为 GSH 型木质素(Faix,

1991)。这一结论与第 10 章中取得的研究结论相一致。

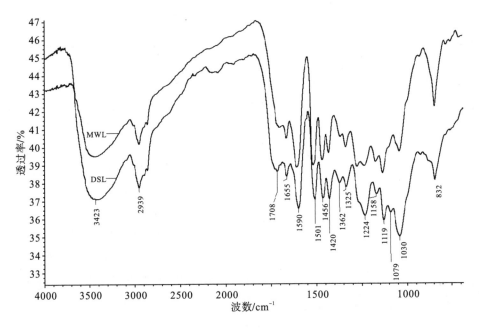

图 11-2　巨龙竹木质素样品的红外光谱图

Fig. 11-2　FT-IR spectra of lignin fractions isolated from *Dendrocalamus sinicus*

11.2.5　核磁共振分析

为了更好地了解 MWL 和 DSL 中木质素的结构及其与碳水化合物之间连接键相关信息，本研究对制备得到的两个木质素样品进行了二维核磁共振(HSQC)表征研究。MWL 和 DSL 中木质素结构的 HSQC-NMR 相关信号如图 11-3 所示，与各信号相对应的木质素基本结构单元及其连接方式如图 11-4 所示。MWL 和 DSL 样品中木质素与碳水化合物之间的连接信号很弱,经调低等高线后显示于图 11-5,样品中可能存在的 LCC 结构如图 11-6 所示。木质素及 LCC 二维核磁(HSQC)相关信号归属主要参考已发表的几个重要参考文献(Lu and Ralph，2003；Lu et al，2004；Balakshin et al.，2007，2011；Ibarra et al.，2007；Del Río et al.，2008，2009；Martínez et al.，2008；Rencoret et al.，2009，2011；Villaverde et al.，2009；Kim and R alph，2010)，归属结果见表 11-3。

表 11-3　巨龙竹木质素样品 HSQC 谱图中的 $^{13}C-^{1}H$ 相关信号归属

Tab. 11-3　Assignments of $^{13}C-^{1}H$ correlation signals in the HSQC spectra of lignin fractions

(MWL and DSL) isolated from *Dendrocalamus sinicus*

信号/ppm	结构片段	信号归属
53.3/3.46	C_β	$C_\beta-H_\beta$，苯基香豆满结构（C）
53.5/3.06	B_β	$C_\beta-H_\beta$，树脂醇结构（B）
55.6/3.70	MeO	C–H，甲氧基
59.5/3.63	A_γ	$C_\gamma-H_\gamma$，β-O-4$'$醚键结构（A）
62.5/3.73	C_γ	$C_\gamma-H_\gamma$，苯基香豆满结构（C）
63.2/4.33~4.49	A'_γ	$C_\gamma-H_\gamma$，β-O-4$'$醚键结构（A）
71.4/3.82、4.18	B_γ	$C_\gamma-H_\gamma$，树脂醇结构（B）
71.8/4.86	A_α	$C_\alpha-H_\alpha$，连接 S 单元的 β-O-4$'$醚键结构（A，A$'$）
79.2/4.12	$D_{\beta'}$	$C_\beta-H_\beta$，螺旋二烯酮结构（D）
83.5/4.29	$A_{\beta(G/H)}$	$C_\beta-H_\beta$，连接 G 和 H 单元的 β-O-4$'$醚键结构（A）
84.8/4.65	B_α	$C_\alpha-H_\alpha$，树脂醇结构（B）
85.9/4.12，86.3/4.29	$A_{\beta(S)}$	$C_\beta-H_\beta$，连接 S 单元的 β-O-4$'$醚键结构（A）
86.8/5.46	C_α	$C_\alpha-H_\alpha$，苯基香豆满结构（C）
93.6/6.60	T_8	C_8-H_8，苜蓿素结构（T）
98.2/6.22	T_6	$C_{2,6}-H_{2,6}$，苜蓿素结构（T）
103.2/7.34	$T'_{2,6}$	$C'_{2,6}-H'_{2,6}$，苜蓿素结构（T）
104.3/6.73	$S_{2,6}$	$C_{2,6}-H_{2,6}$，S 单元（醚化）
106.2/7.23	$S'_{2,6}$	$C_{2,6}-H_{2,6}$，氧化紫丁香基结构（α 位为羧基）
110.7/6.98	G_2	C_2-H_2，G 单元
114.8/6.77	G_5	C_5-H_5，G 单元
113.9/6.30	pCA_β	$C_\beta-H_\beta$，酯化的对香豆酸（pCA）
115.7/6.94	$pCA_{3,5}$	$C_{3,5}-H_{3,5}$，酯化的对香豆酸（pCA）
119.4/6.75	G_6	C_6-H_6，G 单元
127.9/7.19	$H_{2,6}$	$C_{2,6}-H_{2,6}$，H 单元
130.1/7.49	$pCA_{2,6}$	$C_{2,6}-H_{2,6}$，酯化的对香豆酸（pCA）
144.3/7.51	pCA_α	$C_\alpha-H_\alpha$，酯化的对香豆酸（pCA）

缩写：G，愈创木基丙烷；S，紫丁香基丙烷；S$'$，氧化紫丁香基结构；H，对羟基苯丙烷；pCA，酯化的对香豆酸。

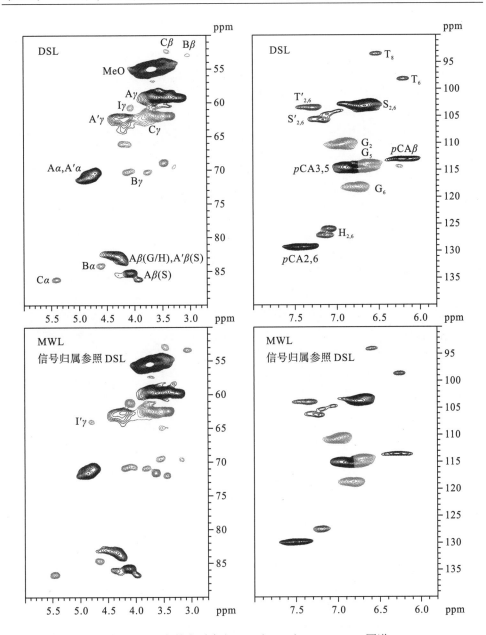

图 11-3　巨龙竹木质素(MWL 和 DSL)HSQC-NMR 图谱

Fig. 11-3　HSQC-NMR spectra of lignin fractions（MWL and DSL）

isolated from *Dendrocalamus sinicus*

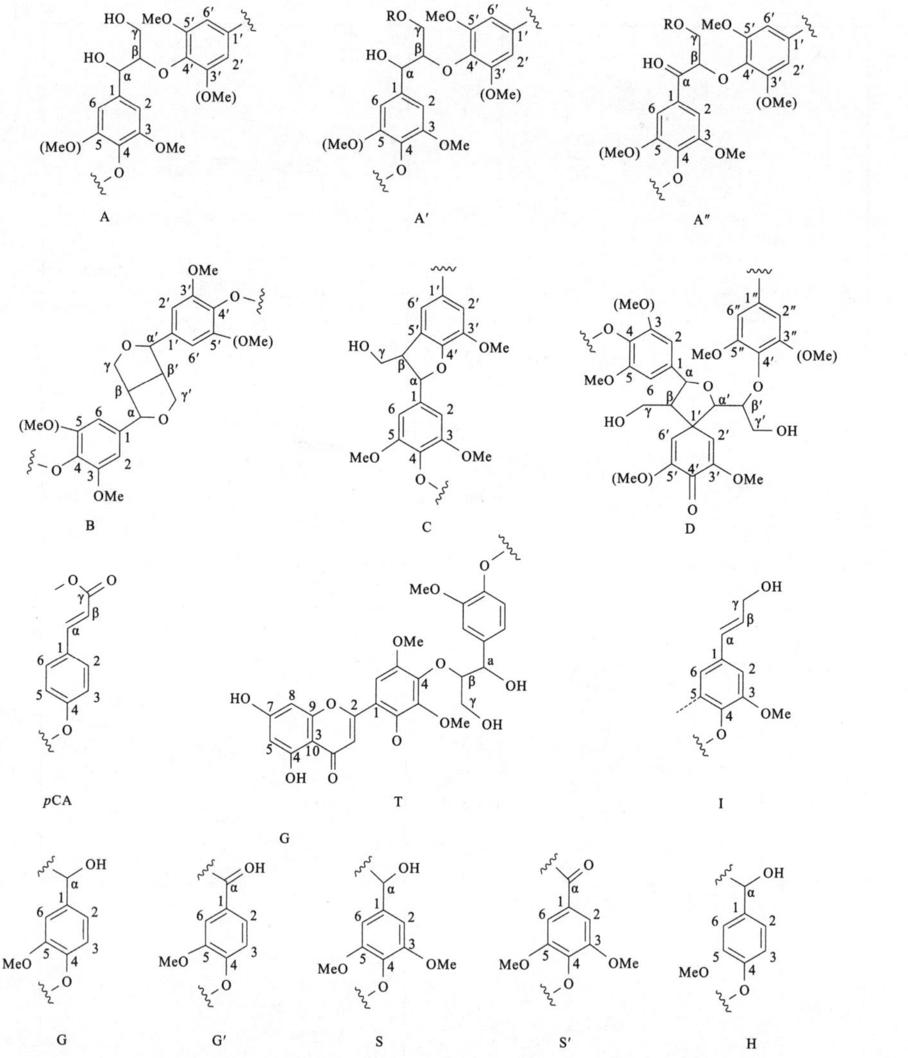

图 11-4　巨龙竹木质素(MWL 和 DSL)中可能存在的连接结构及基本结构单元

巨龙竹木质素 MWL 和 DSL)中可能存在的连接结构及基本结构单元：A. β-O-4′醚键结构，γ 位为羟基；A′. β-O-4′醚键结构，γ 位为乙酰基；A″. β-O-4′醚键结构，γ 位为酯化对羟基苯甲酸酯；pCA. 对香豆酸酯结构；B. 树脂醇结构，由 β-β′、α-O-γ′和 γ-O-α′连接而成；C. 苯基香豆满结构，由 β-5′和 α-O-4′连接而成；D. 螺旋二烯酮结构，由 β-1′和 α-O-α′连接而成；T. 苜蓿素结构；I. 对羟基肉桂醇端基结构；G. 愈创木基结构；G′. 氧化愈创木基结构，α 位为羰基；S. 紫丁香基结构；S′. 氧化紫丁香基结构，α 位为羰基；H. 对羟苯基结构。

Fig. 11-4　Main substructures presented in the lignin fractions isolated from Dendrocalamus sinicus：A. β-O-4′ linkages；A′. γ-acetylated β-O-4′ substructures；A″. γ-p-coumaroylated β-O-4′ linkages；B) resinol structures formed by β-β′/α-O-γ′/γ-O-α′ linkages；C. phenylcoumarane structures formed by β-5′/α-O-4′ linkages；D. spirodienone structures formed by β-1′/α-O-α′linkages；pCA. p-coumarate ester structures；T. a likely incorporation of tricin into the lignin polymer through a G-type β-O-4′ linkage；I. p-hydroxycinnamyl alcohol end groups；G. guaiacyl unit；G′. oxidized guaiacyl units with a Cα ketone；S. syringyl unit；S′. oxidized syringyl unit linked a carbonyl group at Cα (phenolic)；H. p-hydroxy phenylpropane unit

11.2.5.1　木质素结构分析

1. 侧链区信号解析

木质素二维 HSQC 谱图的侧链区能提供木质素结构单元间连接键的重要信息。从图 11-3 中左列可以发现，MWL 和 DSL 侧链区的相关信号十分相似。在侧链区的主要相关信号为甲氧基(δ_C/δ_H 55.6ppm/3.70ppm) 和 β-O-4'芳基醚键结构。β-O-4'结构(A 和 A')α 位的相关信号在 δ_C/δ_H 71.8ppm/4.86ppm。S 型赤式和苏式 β-O-4'结构 β 位的相关信号分别在 85.9ppm/4.12ppm 和 86.8ppm/3.99ppm。G/H 型 A 结构和 γ 位酰化的 S 型 A'结构 β 位的相关信号转移到 δ_C/δ_H 83.5ppm/4.29ppm。A 结构 γ 位的相关信号在 δ_C/δ_H 59.5ppm～59.7ppm/3.40ppm～3.63ppm。γ 位酰化的 A'结构 γ 位的相关信号在 δ_C/δ_H 63.2ppm/4.33ppm～4.49ppm。这些相关信号表明巨龙竹木质素 β-O-4'结构的 γ 位发生了部分酰化。β-β'结构(B，树脂醇)的 α、β 和两个 γ 位的相关信号分别在 δ_C/δ_H 84.8ppm/4.65ppm、53.5ppm/3.06ppm 和 71.4ppm/4.18ppm 和 3.82ppm。β-5'结构(C，苯基香豆满)的 α 和 β 位的相关信号分别在 δ_C/δ_H 86.8ppm/5.46ppm 和 53.3/3.46ppm，而 γ 位的相关信号则在 δ_C/δ_H 62.5ppm/3.73ppm，与其他相关信号重叠。β-1'及 α-O-α'结构(D，螺旋二烯酮)的微弱相关信号在图 11-3 所示的二维 HSQC 谱图的侧链区未能被检测到，但当将 HSQC 谱图的等高线调到更低时能在 δ_C/δ_H 79.2ppm/4.12ppm 处检测到 β-1'结构 β'位置上的相关信号，说明 D 结构在巨龙竹植物体中存在的量非常少。

此外，两个木质素样品在 60～75ppm/3～4.5ppm 区域均检测到碳水化合物的相关信号，这与表 11-1 中化学组分分析结构相符，说明 MWL 和 DSL 保留了木质素与碳水化合物之间的化学连接键，这从 MWL 和 DSL 分析 LCC 结构提供了基本条件。

2. 芳香环区信号解析

从二维 HSQC 核磁图谱的芳香环区可以很好地分辨出紫丁香基结构(S)、愈创木基结构(G) 和对羟苯基结构(H)的相关信号。S 型结构单元 $C_{2,6}$—$H_{2,6}$ 的相关信号在 δ_C/δ_H 104.3ppm/6.73ppm；而对应氧化紫丁香基结构(S')$C_{2,6}$—$H_{2,6}$ 的相关信号则在 δ_C/δ_H 106.2ppm/7.23ppm。G 型结构单元 C_2—H_2、C_5—H_5、C_6—H_6 信号分别位于 δ_C/δ_H 110.7ppm/6.98ppm、114.8ppm/6.77ppm 和 119.4ppm/6.75ppm。对羟苯基结构(H)$C_{2,6}$—$H_{2,6}$ 相关信息位于 δ_C/δ_H 127.9ppm/7.19ppm，而其相对应 $C_{3,5}$—$H_{3,5}$ 位的相关信号则与 G 型结构单元的相关信号重叠。酯化的对香豆酸单元(pCA)的信号在 HSQC 图谱中也非常明显，$C_{2,6}$—$H_{2,6}$ 和 $C_{3,5}$—$H_{3,5}$ 的信号分别位于 δ_C/δ_H 130.1ppm/7.49ppm 和 115.7ppm/6.94ppm，其侧链 C_α 和 C_β 的信号分别位于 δ_C/δ_H 144.3/7.51(未标出) 和 113.9ppm/6.30ppm。苜蓿素结构(T)的 $C'_{2,6}$—$H'_{2,6}$、$C_{2,6}$—$H_{2,6}$、C_8—H_8 信号分别在 103.2ppm/7.34ppm、98.2ppm/6.22ppm、93.6ppm/6.60ppm。

值得注意的是，苜蓿素结构(T)在第 10 章及第 12 章醇溶性、水溶性和碱溶性竹子木质素中没有发现，而在本章 MWL 和 DSL 两个木质素样品中却检测到了明显的信号。Del Río(2012)在小麦秆磨木木质素里发现了苜蓿素结构。Jiao(2008)曾报道苜蓿素在毛竹叶中含量很高。Wen 等(2013)也在毛竹竹黄磨木木质素里发现苜蓿素的存在，但该结构在竹青木质素中没有检测到。在用 HMBC 分析苜蓿素的化学结构特征时，未能检测到苯环 4 号碳上游离酚羟基的信号，说明 T 结构中的黄酮与苯环形成 β-O-4'醚键(Del Río，2012)，这个连接与黄酮木脂素的连接十分类似。另外，Wen 等(2013)的研究发现，苜蓿素在 G/S 值高的木质素中更容易被检测到，表明苜蓿素可能主要连接在 G 型木质素结构单元上。本研究中，苜蓿素结构的发现说明二氧六环和 DMSO 分步抽提的处理方式较完好地保留了巨龙竹木质素的结构特征，所得木质素样品更能代表巨龙竹中原本木质素的结构。

11.2.5.2　LCC 结构分析

植物细胞壁中 LCC 连接键的主要类型有苯基糖苷键、γ-酯键和苄基醚键，它们的结构如图 11-6 所示。其中，苄基醚键结构可以分为两种：一种是图 11-5 中的 C_1 型，即木质素在其侧链 α 位与葡萄糖、半乳糖和甘露糖的碳 6 或阿拉伯糖的碳 5 上的伯羟基相连；另一种是图 11-6 中的 C_2 型，即木质素在其侧链 α 位与碳水化合物的仲羟基相连，主要是与聚木糖相连(Tokimatsu et al.，1996；Toikka et al.，1998；Toikka and Brunow，1999)。在图 11-3 中可以发现碳水化合物的信号，未显示 LCC 连接键的相关信号。但是，当把 HSQC 图谱的等高线调至更低时，则可以发现有明显的 LCC 连接信号，其信号见图 11-5。从图 11-5 中可以看出，苯基糖苷键的连接信号出现在 δ_C/δ_H 100.1ppm/4.91ppm，苄基醚键连接的信号出现在 81.3ppm/4.62ppm(Balakshin et al.，2007，2011)。γ-酯键的信号位于 65～62ppm/4.0～4.5ppm(Lia and Helm，1995；Balakshin et al.，2007，2011)，正好和图 11-4 结构 A′(γ-乙酰化的 β-O-4'结构)重叠，在图 11-5 中无法清晰显现，因此，从 HSQC 图谱不能证实 γ-酯键型 LCC 结构是否存在。

禾本科植物的木质素常在 γ 位与对香豆酸和阿魏酸交联形成对香豆酸酯或阿魏酸酯，此外，γ 位的乙酰化现象在木本和非木本植物中都有存在(Geissman，1971；Ralph，1971；Ralph and Lu，1998；Morreel et al.，2004)。木质素的这些酯化产物的碳氢相关信号会与 γ-酯化型 LCC 连接键的信号重叠，这增加了 γ-酯化型 LCC 连接键的识别难度。

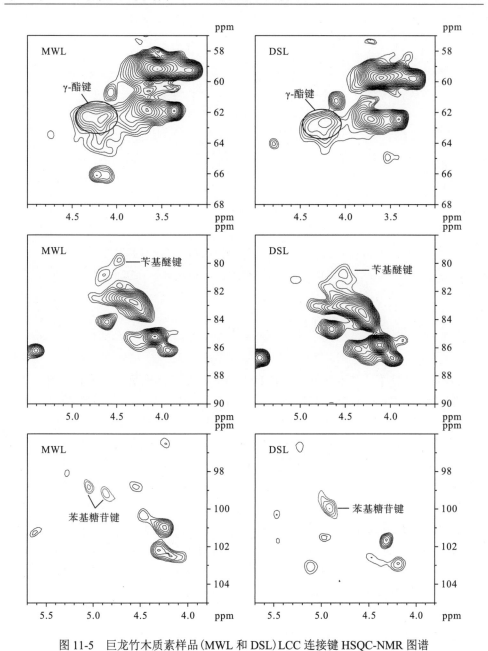

图 11-5　巨龙竹木质素样品(MWL 和 DSL)LCC 连接键 HSQC-NMR 图谱

Fig. 11-5　Amplified anomeric regions of HSQC-NMR spectra of phenyl glycoside，γ-ester，

and benzyl ether in bamboo lignin fractions（MWL，DSL）isolated from Dendrocalamus sinicus

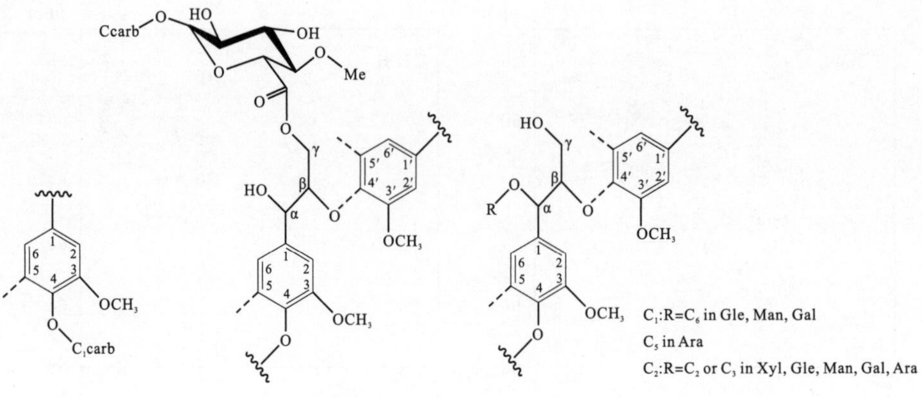

图 11-6　木质素-碳水化合物复合体（LCC）的主要连接键类型

A. γ-ester: γ-酯键；B.　benzyl ether:苄基醚键；C. phenyl glycoside:苯基糖苷键

11.3　本 章 小 结

在温和条件下，采用二氧六环和 DMSO 连续抽提球磨后的巨龙竹原料，分别得到两个木质素样品（MWL 和 DSL）。通过化学纯度、分子质量、红外光谱、核磁共振等分析，系统表征了巨龙竹木质素的结构及其与碳水化合物的连接方式。得率分析表明，二氧六环和 DMSO 两步抽提一共从原料中抽提出 52.1%的木质素（按木质素总含量计）。由于操作条件温和，抽提过程基本没有破坏木质素的分子结构，所得的两个木质素样品完好地保存了木质素的天然结构特征。光谱学分析结果表明，巨龙竹木质素属于典型的禾草类木质素，即 GSH 型木质素，巨龙竹木质素大分子的主要连接键为 $\beta\text{-}O\text{-}4'$醚键，其次是 $\beta\text{-}\beta'$、$\beta\text{-}1'$ 和 $\beta\text{-}5'$等。同时，研究还发现，在巨龙竹木质素大分子结构中存在首蓿素结构片段。核磁共振波谱分析结果证实，巨龙竹木质素与半纤维素之间存在苯基糖苷键、苄基醚键连接，但没有检测到 γ-酯键连接。

第12章 云南甜竹木质素分离纯化及结构表征

受全球能源紧缺和环境恶化所带来的严峻挑战的影响，以生物质为原料开发新能源、新材料和新型石油化学替代品的研究越来越受到国内外研究者和政府的高度重视(高明等，2004；匡廷云等，2007)。最近几年，挖掘、培育和开发可再生绿色生物质资源成为许多国家和地区的研究热点之一(Ragauskas et al.，2006；Lucia，2008；Bozell，2010)。竹子被称为"世界第二大森林"，以竹子资源高值化开发利用为目的的竹产业是世界公认的绿色低碳产业(张齐生，2000)。在竹子资源丰富的国家或地区开展竹类资源化学性能研究，发展竹产业具有重要的生态效益和经济价值。

和木材一样，竹子细胞壁主要由纤维素、半纤维素和木质素组成。在这 3 个主要成分中，木质素的结构最为复杂。人们对竹子这一重要农林生物质资源木质素的研究由来已久。早在 1952 年，Leopold 和 Malmstrom 等就提出竹子木质素与木材不同，他们通过对竹子木质素碱性硝基苯氧化产物的分析，发现竹子木质素由 3 种基本单元构成，即紫丁香基(S)、愈创木基(G)和对羟苯基(H)。Fengel 和 Shao(1985)测出桂竹(*Phyllostachys bambusoides*)木质素大分子中 G、S、H 三种苯丙烷结构单元的比例为 1∶2∶0.5。Lu 和 Ralph(2003)用 AcBr 衍生、Zn 粉还原使其 β 位醚键断裂的方法(DFRC)证明了撑篙竹(*Bambusa pervariabilis*)木质素中 S/G 为 1∶0.2，并发现木质素中存在 β-芳基醚和 γ-对香豆酸酯构型。Li 等(2012)的研究发现尖头青竹(*Phyllostachys acuta*)磨木木质素中 G、S、H 单元比例为 41∶48∶11，同时测出，木质素大分子苯丙烷基本单元间化学连接键中，β-O-4'占 72%，β-β'占 15%，β-5'占 8%。Sun 等(2012)研究了慈竹(*Neosinocalamus affinis*)木质素的化学结构，结果表明慈竹木质素大分子基本单元连接键中，β-O-4'芳基醚键占 80%，β-5'占 9.2%，β-β'占 5.3%；其中还含有相当数量的 α-O-α'连接键(占 6.1%)，这种化学键在其他竹子木质素结构中鲜有出现(Li et al.，2012)。Lin 等(2008)在证实粉单竹(*Lingnania chungii* McClure)木质素属于 GSH 型的基础上，首次推断出该竹子木质素分子结构简式为 $C_9H_{9.8}O_{3.44}(OCH_3)_{1.33}$。郭京波等(2005)的研究同样证明慈竹(*Neosinocalamus affinis*)木质素属于 GSH 型，并指出木质素侧链上含有少量的 α-β'碳碳双键和酯键。

通过对比分析上述研究报道不难发现，竹子木质素属于禾草类木质素，这在学术界已取得共识，但竹子木质素中 G/S/H 单元的关系，苯丙烷基本单元间碳碳键(C—C)和醚键(—O—)的连接方式、结合位置及结合强度等超微化学结构特征却因竹种不同而表现出明显的差异性。因此，时至今日，木质素化学结构研究依然是竹子化学研究领域的一个重要科学课题。云南甜竹作为我国栽培面积广、材质材性好、开发利用潜力大的大型经济用材竹种之一，目前已被大量应用于制浆造纸、人造板材等工业领域。但目前对其木质素化学结构的研究报道却非常有限，这对其高值化开发利用十分不利。本章通过热水、碱性乙醇多步骤抽提得到 9 个云南甜竹木质素样品，并采用现代分析手段(紫外-可见光谱、红外光谱、核磁共振波谱等)系统表征了竹材碱溶性木质素的结构特征。通过开展本研究，可以为分析和了解云南甜竹木质素的化学结构及化学反应性能提供科学理论参考。

12.1　材料与方法

12.1.1　实验材料

实验用的云南甜竹为 3 年生竹材，采自云南省昌宁县。竹子秆材风干后切成小块，粉碎，过筛，不同粒径原料分别收集，干燥后保存。取 40～60 目的竹子样品，于索氏抽提器中用甲苯∶乙醇(2∶1，V/V)抽提 6h，去除抽提物。抽提后的竹子原料在 50℃烘箱中干燥 16h，存于干燥器中，备实验分析之用。云南甜竹秆材含纤维素 53.2%，半纤维素 22.2%，木质素 23.1%，测定方法参照美国国家可再生能源实验室标准方法(Sluiter et al.，2008)。

12.1.2　木质素分离纯化

云南甜竹木质素分离提纯流程示意图参见第 9 章 9.1.2 节图 9-1。首先，依次用 80℃、100℃、120℃热水(注：120℃热水抽提在密封的高压灭菌锅中进行)抽提经脱蜡处理的竹材样品(40～60 目)；此后，经热水抽提的竹材残渣再依次用含有 0.25%、0.5%、1.0%、2.0%、3.0%、5.0% NaOH 的 60%乙醇溶液在 80 ℃条件下连续抽提。每一阶段处理时间均为 3h，混合液固液比控制为 1∶20(g∶mL)。抽提得到的混合液过滤后，滤液用 6mol/L HCl 中和，调节 pH 至 5.5(3 组热水抽提的滤液不需要中和)。中和后的滤液减压浓缩至体积约 30mL 后，将其缓慢倒入至伴有磁力搅拌的三倍体积 95%乙醇中，析出半纤维素。离心分离，收集半纤维素沉淀后，滤液继续减压浓缩至体积约 15mL，加入适量浓度为 6mol/L 的 HCl，调节其 pH 为 2，此时即刻有木质素沉淀析出，持续搅拌约 0.5h，以利于充分析出木质素。此后，经离心分离，制得粗木质素样品，并将此样品连续用酸水(pH=2)洗涤多次，即得到纯度较高的木质素样品。样品经冷冻干燥后，保存于干燥器中备分析用。本实验中，3 个水溶性木质素样品(80℃、100℃、120℃)分别标记为 L_1、L_2、L_3，六个 60%碱性乙醇抽提的木质素(分别含 0.25%、0.5%、1.0%、2.0%、3.0%、5.0% NaOH)分别标记为 L_4、L_5、L_6、L_7、L_8、L_9。所有实验都重复两次操作，实验标准偏差小于 4.5%。木质素得率按产物占原料干重百分比计算。

12.1.3　木质素结构表征

12.1.3.1　木质素纯度分析

按第 10 章 10.1.3.1 节所述方法测定云南甜竹木质素的化学纯度。

12.1.3.2　木质素分子质量分析

按第 10 章 10.1.3.2 节所述方法测定云南甜竹木质素的分子质量及其分布特征。

12.1.3.3　木质素紫外光谱分析

按第 10 章 10.1.3.3 节所述方法测定云南甜竹木质素的紫外光谱特征。

12.1.3.4　木质素红外光谱分析

按第 10 章 10.1.3.4 节所述方法测定云南甜竹木质素的红外光谱特征。

12.1.3.5　木质素核磁共振分析

按第 10 章 10.1.3.5 节所述方法测定云南甜竹木质素的 ^1H、^{13}C、HSQC-NMR 核磁共振光谱特征。

12.1.3.6　木质素热稳定性分析

木质素样品的热分析采用热重分析仪(DTG-60，日本 Shimadzu 公司)进行检测。样品在测试前先置于 105℃烘箱干燥 2h。测试时称取约 10mg 样品置于氧化铝坩埚中，氮气流速为 30mL/min，加热速率为 10℃/min，测试温度范围为室温至 600℃。

12.2 结果与讨论

12.2.1 木质素得率与纯度

在本研究中，经脱蜡处理的竹材样品(40～60 目)依次用 80℃、100℃、120℃ 热水进行抽提(注：120℃热水抽提在密封的高压灭菌锅中进行)；此后，再依次用含有 0.25%、0.5%、1.0%、2.0%、3.0%、5.0% NaOH 的 60%乙醇溶液在 80℃条件下连续抽提，每一阶段处理时间均为 3h，混合液固液比为 1：20(g：mL)。实验一共得到 9 个木质素样品，其得率见表 12-1。结果显示，热水和碱性乙醇溶剂连续抽提一共得到占绝干原料 19.1%的木质素，木质素的总抽出率为 82.7%(按木质素总含量计算)。可以看出，虽然经过多步抽提处理，依然有 17.3%(按原料中木质素含量计)的原本木质素残留在抽提残渣中。这说明木质素与纤维素和半纤维素之间氢键及化学键具有较高的稳定性。

表 12-1 云南甜竹木质素组分的得率及糖含量

Tab. 12-1 Yields (% dry bamboo sample，*w/w*) and the neutral sugar content

(% dry lignin sample，*w/w*) of lignin fractions isolated from *Dendrocalamus brandisii*

	木质素组分								
	L_1	L_2	L_3	L_4	L_5	L_6	L_7	L_8	L_9
得率 [a]	0.9	0.4	0.1	3.2	11.8	0.8	0.6	0.7	0.6
鼠李糖	0.1	0.1	0.1	Tr [b]	Tr	Tr	Tr	Tr	Tr
阿拉伯糖	0.5	1.3	1.9	Tr	0.1	0.1	0.2	0.1	0.1
半乳糖	0.3	0.3	0.2	Tr	Tr	0.1	0.1	Tr	Tr
葡萄糖	20.3	13.1	5.4	0.4	0.8	0.5	0.3	0.5	0.1
木糖	0.8	2.1	1.5	0.2	0.3	0.5	1.0	0.8	1.2
甘露糖	0.3	Tr	N.D [c]	N.D	N.D	N.D	N.D	N.D	N.D
葡萄糖醛酸	Tr	0.1	Tr	N.D	Tr	Tr	Tr	Tr	Tr
半乳糖醛酸	0.1	0.1	0.1	N.D	Tr	Tr	0.1	0.1	Tr
总得率 [d]	22.4	17.1	9.2	0.6	1.2	1.2	1.7	1.5	1.4

[a] 指竹材木质素样品得率(%绝干竹材原料，*w/w*)；Tr [b]，微量；N.D [c]，未检测出；[d]指竹材木质素样品所含半纤维素的量(%绝干木质素样品，*w/w*)。

为了测定水溶性木质素和碱性乙醇可溶性木质素的化学组分，本研究对制备得到的所有木质素样品进行了糖含量分析，结果见表 12-1。正如实验前预料一样，

3 个水溶性木质素样品(L_1、L_2、L_3)中聚糖组分(淀粉和半纤维素)含量较高,分别为 22.4%、17.1%、9.2%。同时,通过对比不难发现,6 个 60%碱性乙醇可溶性木质素样品(L_4、L_5、L_6、L_7、L_8、L_9)纯度较高,仅分别含有 0.6%、1.2%、1.3%、1.7%、1.5%和 1.4%的半纤维素组分。这一结果表明,热水抽提不能有效打断木质素与其他组分之间存在的物理和化学连接键,而碱处理能有效打断木质素与其他组分之间的各种连接键。另外,从木质素样品的糖分析结果还可以看出,残留在木质素样品中的糖主要由木糖和葡萄糖两种单糖组成,这说明残留在木质素样品中的半纤维素可能以聚木糖和葡聚糖为主。当然,这个推断需要借助其他更可靠的分析手段才能最终证实。

12.2.2　木质素分子质量及其分布

分子质量是聚合物的重要特征性质之一。因此,本研究对 9 个木质素样品的重均分子质量(M_w)和数均分子质量(M_n)都进行了测定。本研究中,分子质量的测定是通过与聚苯乙烯标样的对比而得到的,所得的木质素分子质量不是绝对值,而是相对值。

从表 12-2 可以看出,3 个水溶性木质素样品(L_1、L_2、L_3)的分子质量非常接近,基本分布在 1350～1490g/mol。相比而言,6 个 60%碱性乙醇可溶性木质素样品(L_4、L_5、L_6、L_7、L_8、L_9)的分子质量则大得多,分布在 2830～3170g/mol。换言之,即碱溶性木质素分子质量比水溶性木质素分子质量大。佘雕等(2011)此前对甜高粱木质素也进行了类似研究,他们的研究结果表明,甜高粱热水和 6% NaOH 可溶性木质素的分子质量分别为 1270～2920g/mol,这与本研究中对云南甜竹木质素分子质量分析结果基本相符。此外,所有木质素样品的分子质量分布都相对较窄($M_w/M_n \leqslant 3$),其中三个水溶性木质素样品的多分散性(1.5～1.7)要低于 6 个碱溶性木质素样品的多分散性(2.0～3.0)。

表 12-2　云南甜竹木质素组分的重均分子量(M_w)、
数均分子量(M_n)和多分散性(M_w/M_n)

Tab. 12-2　Weight-average (M_w) and number-average (M_n) molecular weights and polydispersity (M_w/M_n) of lignin fractions isolated from Dendrocalamus brandisii

	木质素组分								
	L_1	L_2	L_3	L_4	L_5	L_6	L_7	L_8	L_9
M_w	1350	1490	1420	3170	2830	3040	3060	2840	2850
M_n	790	1010	910	1660	950	1510	1360	1310	1350
M_w/M_n	1.7	1.4	1.6	1.9	3.0	2.0	2.3	2.2	2.1

12.2.3 木质素紫外光谱分析

紫外光谱可以用来检测木质素的纯度，也可以用来检测各种植物组织中木质素的分布。紫外谱图中，波长 280nm 处的吸收峰是非共轭酚羟基或醚的吸收峰，波长 310nm 处的吸收峰为 α 或 $\alpha\text{-}\beta$ 不饱和官能团及共轭酯键的吸收峰(Shi et al.，2011)。本研究对 9 个木质素样品的紫外光谱特征都进行了测定，谱图如图 12-1 所示。总体来看，9 个木质素样品的紫外光谱图比较相似，主要差异在于其吸光强度不同。在波长 280nm 处的强吸收峰由木质素中非共轭羟基引起(Wen et al.，2010b)。位于 318nm 处的另一个特殊吸收峰源自木质素中的阿魏酸和对香豆酸。对比木质素样品的紫外光谱吸收强度可以发现，L_4 的吸光强度最强，这说明样品 L_4 的化学纯度最高。这与对木质素样品纯度分析结果(表 12-1)相一致。木质素样品 L_1 和 L_5 的吸光强度最弱，表明其中含有的非木质素组分(半纤维素和无机盐)含量较高。另外，木质素样品 L_3 的紫外光谱图中，最大吸收峰位置从波长 280 nm 转移到 276 nm，其原因在于 L_3 中含有较高比例的紫丁香基(S)单元。因为紫丁香基单元的紫外吸收光谱最大吸收峰发生在 268～277nm 处(Sun et al.，2001b)。

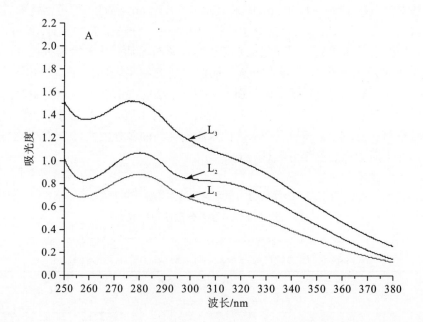

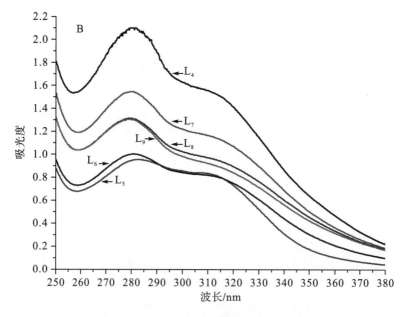

图 12-1　云南甜竹木质素组分的紫外光谱图

Fig. 12-1　UV spectra of the nine lignin fractions isolated from *Dendrocalamus brandisii*

12.2.4　木质素红外光谱分析

为进一步研究云南甜竹木质素样品的官能团信息，本研究测定了木质素样品的红外光谱特征，并参照现有相关参考文献(Scalbert et al.，1986；Faix，1991；Xu et al.，2005；Shi et al.，2012)对红外光谱中各吸收峰进行了一一归属。

图 12-2 是 3 个水溶性木质素样品(L_1、L_2、L_3)的红外光谱图。从图 12-2 可以看出，除吸收强度稍有差异外，水溶性木质素的红外光谱非常相似，说明水溶性木质素样品具有诸多结构共性。$3393cm^{-1}$ 处强吸收峰代表 O—H 的伸缩振动峰，$2930cm^{-1}$ 的吸收谱峰来自 CH_2 和 CH_3 的 C—H 伸缩振动。3 个木质素样品的红外光谱在 $1725cm^{-1}$ 处的吸收峰来源于非共轭酮基、羧基及酯键的 C=O 振动(Faix，1991)。其中，该吸收峰在木质素样品 L_3 中最弱，说明高温(120℃)热水抽提打断了木质素中的阿魏酯键或乙酰基。$1659cm^{-1}$ 处的吸收峰由木质素中共轭羧基伸缩振动所导致。在 $1601cm^{-1}$、$1513cm^{-1}$ 和 $1422cm^{-1}$ 处的吸收峰为木质素苯环骨架振动的特征吸收峰，而 $1461cm^{-1}$ 处的吸收峰为与苯环相连的 C–H 变形振动。位于 $1364cm^{-1}$ 的弱吸收峰源自苯环自由羟基，表明热水处理过程中有少部分芳基醚键被打断，形成了新的自由酚羟基。$1331cm^{-1}$、$1269cm^{-1}$ 处的吸收峰分别由紫丁香基和愈创木基的苯环伸缩振动引起。$1124cm^{-1}$、$835cm^{-1}$ 处的两个峰以及 $1152cm^{-1}$ 处的肩峰表明竹材木质素属于典型的禾草类木质素(GSH

型），其大分子由对羟基苯丙烷、愈创木基丙烷和紫丁香基丙烷 3 种基本结构单
元组成。从图 12-2 还可以看出，木质素样品 L_1 的红外光谱吸收峰强度比 L_2 和
L_3 弱，这是因为 L_1 含有较多的非木质素组分所造成的。这一结果与表 12-1 中木
质素纯度的测定结果相一致。

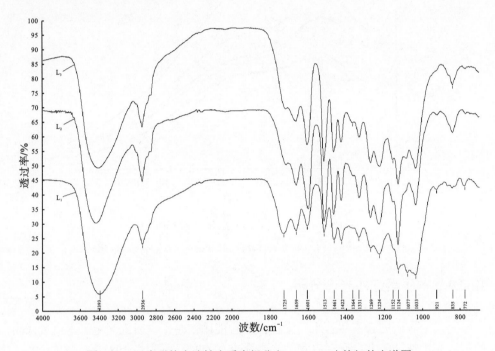

图 12-2　云南甜竹水溶性木质素组分（L_1、L_2、L_3）的红外光谱图

Fig. 12-2　FT-IR spectra of lignin fractions isolated from *Dendrocalamus brandisii*

with hot water at 80℃，100℃，and 120℃（L_1，L_2，and L_3）

图 12-3 是 60%碱性乙醇可溶性木质素样品（L_4、L_5、L_6、L_7、L_8、L_9）的红外
光谱图。同样，6 个碱性乙醇可溶性木质素样品的红外光谱图也非常相似，这表
明实验所用的抽提条件没有破坏木质素的基本骨架结构。显然，1124cm^{-1}、835cm^{-1}
及 1152cm^{-1} 处 3 个吸收峰表明这 6 个木质素样品属于 GSH 型木质素。此外，在
碱性乙醇可溶性木质素样品的红外光谱图中，在 1725cm^{-1} 附近没有出现羧基的吸
收峰，说明碱性条件下木质素大分子的酯键基本都断裂了。

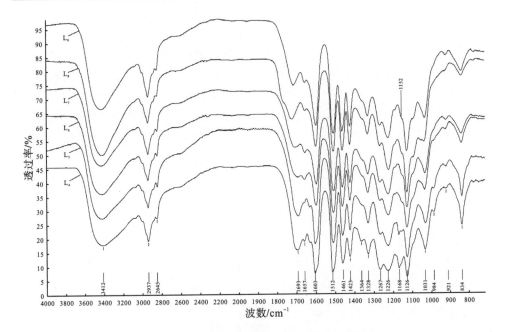

图 12-3　云南甜竹 60%碱性乙醇可溶性木质素组分

（L$_4$、L$_5$、L$_6$、L$_7$、L$_8$、L$_9$）的红外光谱图

Fig. 12-3　FT-IR spectra of lignin fractions isolated from *Dendrocalamus brandisii*

with alkaline aqueous ethanol (L$_4$, L$_5$, L$_6$, L$_7$, L$_8$, and L$_9$)

12.2.5　木质素核磁共振分析

12.2.5.1　碳谱分析

为进一步表征云南甜竹木质素样品的结构特征，本研究利用定量碳谱和二维核磁共振技术对得率最高的木质素样品 L$_5$ 进行了表征。图 12-4 是木质素的 ^{13}C-NMR 谱图，图 12-4 中大部分信号峰参照现有文献进行归属（Nimz et al.，1981；Scalbert et al.，1986；Sun et al.，1996a；Capanema et al.，2005；Del Río et al.，2009），具体归属见表 12-3。从图 12-4 可以看出，在 90~102ppm 处几乎没有任何信号峰，表明该样品的含糖量极少，这与表 12-1 中糖分析结果一致。碳谱中 191.2ppm 处出现一个微弱信号峰，是肉桂醛中 α-CHO 的特征峰，说明碱性乙醇抽提处理导致少量肉桂醛物质的生成。酯键或糖醛酸中的羧基的信号出现在 174.0ppm 位置。171.4ppm 的强信号峰是由脂肪酸中的—COOH 形成的。

^{13}C-NMR 谱图中芳香区的信号一般出现在 104ppm~168ppm，这一段信号十分有助于解释木质素大分子苯环的结构特征。在芳香环信号区域，S 型结构单元的信号峰分别为 152.2ppm（C-3/C-5，醚化的）、138.2ppm（C-4，醚化的）、134.8ppm

和 134.3ppm（C-1，醚化的）、133.0ppm（C-1，非醚化的）、106.8ppm（C-2/C-6）。G 型结构单元的信号峰分别为 149.7ppm 和 149.2ppm（C-3，醚化的）、147.3ppm 和 147.1ppm（C-4，醚化的）、145.4ppm（C-4，非醚化的）、134.8ppm 和 134.3ppm（C-1，醚化的）、119.4ppm（C-6）、114.8ppm（C-5）和 111.4ppm（C-2）。H 型结构单元 C-2/C-6 位两个弱的信号峰分别在 129.9ppm 和 128.1ppm。这些信号的存在说明了云南甜竹木质素是 GSH 型木质素，这和图 12-2 及图 12-3 对红外光谱的分析结果一致。

表 12-3　云南甜竹木质素组分（L_5）的 ^{13}C-NMR 信号归属

Table 12-3　Chemical shift value (δ, ppm) and signal assignment of lignin fraction (L_5) isolated from

Dendrocalamus brandisii with 60% aqueous ethanol containing 0.5% NaOH

化学位移/ppm	信号归属	化学位移/ppm	信号归属
191.2	α-CHO，肉桂醛	122.4	C-6，醚化阿魏酸
168.1	C-γ，醚化的阿魏酸	119.4	C-6，G 单元；C-5，G 单元
159.7	C-4，PCE	116.7	C-3/C-5，PCE
152.5	C-3/C-5，S 单元	115.9、115.4	C-β，PCE
149.7、149.2	C-3，G 单元（醚化）	114.8	C-5，G 单元
148.0	C-3，G 单元	111.4	C-2，G 单元
147.3、147.1	C-4，G 单元	119.4	C-6，G 单元
145.8	C-4，G 单元（非醚化）	106.8	C-2/C-6，S 单元（有 α-C=O）
145.1	C-4，G 单元（非醚化 β-5'）	104.3	C-2/C-6，S 单元
144.7	C-α 和 C-β，PCE	86.9	C-α，β-5'
144.3	C-α，PCE	86.2	C-β，β-O-4'
138.2	C-4，S 单元（醚化）	84.6	C-α，β-β'
134.8、134.3	C-1，S 单元（醚化）；C-1，G 单元（非醚化）	72.3	C-α，β-O-4'
133.4	C-1，S 和 G 单元（非醚化）	71.6	C-γ，β-β'
130.4	C-2/C-6，PCE	62.7	C-γ，β-5'
133.0	C-1，S 单元（非醚化）	60.2	C-γ，β-O-4'
129.9、128.1	C-2/C-6，H 单元	56.0	-OCH₃，G 和 S 单元
125.9、125.4	C-1，PCE	53.4	C-β，β-5'
122.9	C-6，FE	29.1	脂肪族侧链的 CH₂

缩写：G，愈创木基丙烷；S，紫丁香基丙烷；H，对羟基苯丙烷；PCE，酯化的对香豆酸；FE，酯化的阿魏酸。

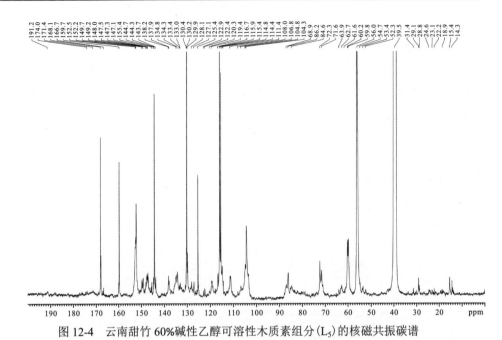

图 12-4 云南甜竹 60%碱性乙醇可溶性木质素组分(L₅)的核磁共振碳谱

Fig. 12-4 ¹³C-NMR spectrum of lignin fraction L₅ isolated from *Dendrocalamus brandisii* with 60%

aqueous ethanol containing 0.5% NaOH

信号 168.7ppm(C-γ，对香豆酸酯)、 159.7ppm(C-4，对香豆酸酯)、144.7ppm(C-α 和 C-β，对香豆酸酯)、130.4ppm(C-2/C-6，对香豆酸)、125.9ppm 和 125.4ppm(C-1，对香豆酸酯)、116.7ppm(C-3/C-5，对香豆酸酯)来自对香豆酸酯。这些很强的信号峰表明云南甜竹木质素中对香豆酸酯的含量较高，同时也说明在本研究所采用的碱性抽提条件下，木质素和对香豆酸之间的酯键没有完全被打断，依然有很大一部分被保留了下来。此外，醚化的阿魏酸的信号出现在168.1ppm(C-γ，醚化阿魏酸)和 122.4ppm(C-6，醚化阿魏酸)，而酯化的阿魏酸的信号则出现在 122.9ppm(C-6，阿魏酸酯)。上述信号峰说明在云南甜竹木质素中，对香豆酸通过酯键与木质素形成连接，而阿魏酸则通过酯键和醚键与木质素形成连接。

在侧链信号区，木质素丙烷侧链的信号峰也非常明显。β-O-4'连接结构中 C-β、C-α 和 C-γ 的信号分别出现在 86.2ppm、72.3ppm 和 60.2ppm。β-β'连接结构的信号出现在 71.6ppm(C-γ，β-β')，β-5'连接的信号出现在 86.9ppm(C-α，β-5')和62.7ppm(C-γ，带 α-C=O 的 β-5'/β-O-4'连接)。除此之外，在 14.3～31.4ppm 区域的信号主要归属于木质素丙烷侧链的 γ-甲基、α-亚甲基和 β-亚甲基。而位于56.0ppm 的强信号属于愈创木基或紫丁香基的—OCH₃。

12.2.5.2 二维 HSQC 核磁共振谱图分析

为得到更多关于木质素化学结构的信息，本研究对云南甜竹木质素样品 L_5 进行了二维 HSQC 核磁共振表征。木质素样品 L_5 的二维谱图可以被划分为 3 个区域，即脂肪族区、侧链区和芳香环区，其中脂肪族区（非氧化）的相关信号不含木质素结构信息，在此不展开讨论。木质素侧链区（δ_C/δ_H 40～100ppm/2.5～6.0ppm）和芳香环区（δ_C/δ_H 100～150ppm/6.0～8.5ppm）的相关信号如图 12-5 所示。HSQC 谱图中主要相关信号的归属见表 12-4，主要基本连接结构及结构单元如图 12-6 所示。

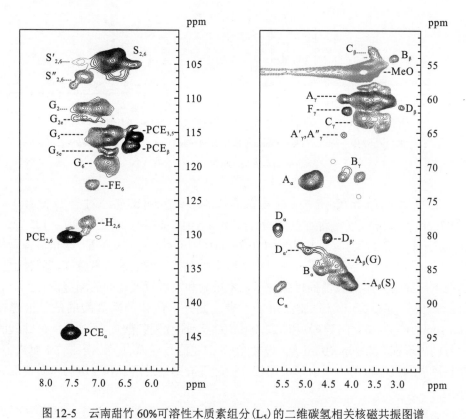

图 12-5 云南甜竹 60%可溶性木质素组分（L_5）的二维碳氢相关核磁共振图谱

Fig. 12-5 HSQC-NMR spectrum of lignin fraction L_5 isolated from *Dendrocalamus brandisii* with 60% aqueous ethanol containing 0.5% NaOH

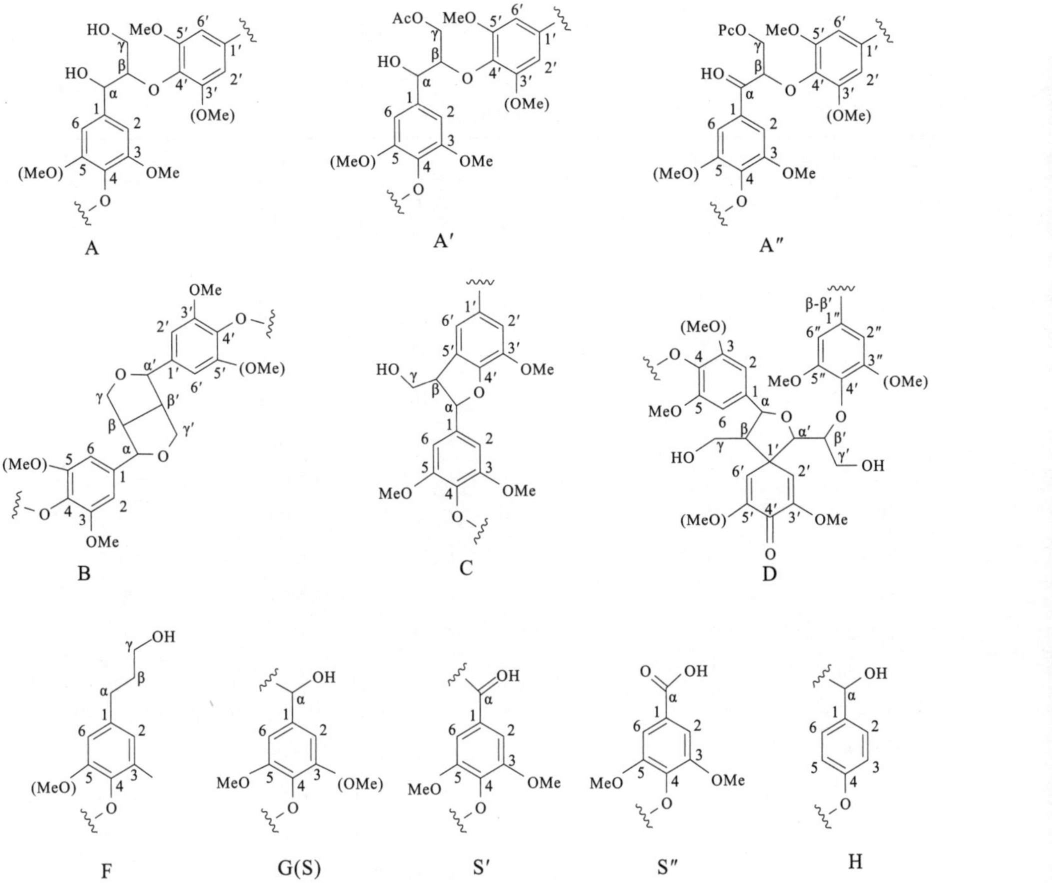

图 12-6　云南甜竹木质素组分（L_5）二维碳氢相关核磁图谱中
侧链区及芳香环区主要连接结构及结构单元

A. β-O-4'醚键结构，γ 位为羟基；A'. β-O-4'醚键结构，γ 位为乙酰基；A". β-O-4'醚键结构，γ 位为酯化形成对羟基苯甲酸酯；B. 树脂醇结构，由 β-β'、α-O-γ'和 γ-O-α'连接而成；C. 苯基香豆满结构，由 β-5'和 α-O-4'连接而成；D. 螺旋二烯酮结构，由 β-1'和 α-O-α'连接而成；F. 对羟基肉桂醇端基结构；G. 愈创木基结构；S. 紫丁香基结构；S'. 氧化紫丁香基结构，α 位为酮基；S". 氧化紫丁香基结构，α 位为羧基；H. 对羟苯基结构

Fig. 12-6　Main substructures presented in alkaline ethanol extrac table lignin fraction (L_5) isolated from *endrocalamus brandisii*: A. β-O-4' linkages；A'. γ-acetylated β-O-4' substructures；A". γ-p-coumaroylated β-O-4' linkages；B) resinol structures formed by β-β'/α-O-γ'/ γ-O-α' linkages；C. phenylcoumarane structures formed by β-5'/α-O-4' linkages；D. spirodienone structures formed by β-1'/α-O-α' linkages；F. p-hydroxycinnamyl alcohol end groups；G. guaiacyl unit；S. syringyl unit；S'. oxidized syringyl unit with a carbonyl group at C_α (phenolic)；S". oxidized syringyl unit with a carboxyl group at C_α；H. p-hydroxyphenyl unit

表 12-4 云南甜竹木质素组分 (L_5) HSQC 谱图中的 $^{13}C-^1H$ 相关信号归属

Tab. 12-4 Assignments of $^{13}C-^1H$ correlation signals in the HSQC

spectrum of lignin fraction (L_5)

信号/ppm	结构片段	信号归属
53.4/3.46	C_β	$C_\beta-H_\beta$，苯基香豆满结构(C)
53.9/3.04	B_β	$C_\beta-H_\beta$，树脂醇结构(B)
56.0/3.70	MeO	C—H，甲氧基
60.2/3.40, 3.73	A_γ	$C_\gamma-H_\gamma$，$\beta-O-4'$醚键结构(A)
61.1/2.95	D_β	$C_\beta-H_\beta$，螺旋二烯酮结构(D)
61.6/4.07	F_γ	$C_\gamma-H_\gamma$，对羟基肉桂醇端基结构(F)
62.7/3.78	C_γ	$C_\gamma-H_\gamma$，苯基香豆满结构(C)
64.2/4.21	A'_γ (A''_γ)	$C_\gamma-H_\gamma$，γ 位置乙酰化的 $\beta-O-4'$ (A'和A'')
71.6/3.83, 4.16	B_γ	$C_\gamma-H_\gamma$，树脂醇结构(B)
72.3/4.83	A_α	$C_\alpha-H_\alpha$，与 S 单元连接的 $\beta-O-4'$醚键结构(A)
79.2/5.59	D_α	$C_\alpha-H_\alpha$，螺旋二烯酮结构(D)
80.7/4.51	$D_{\beta'}$	$C_\beta-H_{\beta'}$，螺旋二烯酮结构(D)
82.4/4.96	$D_{\alpha'}$	$C_\alpha-H_{\alpha'}$，螺旋二烯酮结构(D)
83.9/4.32	$A_{\beta(G)}$	$C_\beta-H_\beta$，与 G 和 H 单元连接的 $\beta-O-4'$醚键结构(A)
84.6/4.64	B_α	$C_\alpha-H_\alpha$，树脂醇结构(B)
86.2/4.11	$A_{\beta(S)}$	$C_\beta-H_\beta$，与 S 单元连接的 $\beta-O-4'$醚键结构(A)
86.9/3.96	$A_{\beta(S)}$	$C_\beta-H_\beta$，与 S 单元连接的 $\beta-O-4'$醚键结构(A)
87.3/5.59	C_α	$C_\alpha-H_\alpha$，苯基香豆满结构(C)
104.3/6.68	$S_{2,6}$	$C_{2,6}-H_{2,6}$，S 单元(醚化)
104.8/7.35	$S'_{2,6}$	$C_{2,6}-H_{2,6}$，α 位为羧基的氧化紫丁香基结构(S')
105.9/7.28	$S''_{2,6}$	$C_{2,6}-H_{2,6}$，α 位为羰基的氧化紫丁香基结构(S'')
111.4/6.95	G_2	C_2-H_2，G 单元
112.8/7.24	G_{2e}	C_2-H_2，G 单元(醚化)
114.8/6.71, 6.94	G_5	C_5-H_5，G 单元
117.9/6.85	G_{5e}	C_5-H_5，G 单元(醚化)
115.4/6.32	PCE_β	$C_\beta-H_\beta$，γ 位酯化的 $\beta-O-4'$醚键结构(A'')
116.7/6.32	$PCE_{3,5}$	$C_{3,5}-H_{3,5}$，γ 位酯化的 $\beta-O-4'$醚键结构(A'')
119.4/6.81	G_6	C_6-H_6，G 单元
122.9/7.06	FE_6	C_6-H_6，酯化的阿魏酸(FE)
128.1/7.16	$H_{2,6}$	$C_{2,6}-H_{2,6}$，H 单元
130.4/7.51	$PCE_{2,6}$	$C_{2,6}-H_{2,6}$，γ 位酯化的 $\beta-O-4'$醚键结构(A'')
144.7/7.51	PCE_α	$C_\alpha-H_\alpha$，γ 位酯化的 $\beta-O-4'$醚键结构(A'')

缩写：G，愈创木基丙烷；S，紫丁香基丙烷；H，对羟基苯丙烷；PCE，酯化的对香豆酸；FE，酯化的阿魏酸。

　　二维 HSQC 谱图侧链区提供了许多有关木质素基本单元之间连接方式的重要特征信号。其中，以 β-O-4'芳基醚键结构和甲氧基的信号最强。β-O-4'结构（A、A'和 A''）α、γ 位的相关信号分别在 δ_C/δ_H 72.3ppm/4.8ppm、60.1ppm/3.7ppm 和 3.4ppm，S 型 β-O-4'结构 β 位的相关信号在 δ_C/δ_H 86.2ppm/4.1ppm，G/H 型、γ 位酰化的 S 型 β-O-4'结构 β 位的相关信号转移到 δ_C/δ_H 83.9/4.3ppm。除了芳基醚键的信号外，HSQC 谱图还检测到了其他连接方式的信号。β-β'结构（B，树脂醇）的相关信号很强，其 α、β 和两个 γ 位的相关信号分别在 δ_C/δ_H 84.6/4.6、53.9/3.0、71.6/3.8 和 4.2ppm。β-5'结构（C，苯基香豆满）α、β 和 γ 位的相关信号分别在 δ_C/δ_H 87.3ppm/5.59ppm、53.4ppm/3.46ppm 和 62.7ppm/3.78ppm。对于螺旋二烯酮结构（D，β-1' 及 α-O-α'），其 α、α'、β 和 β'的信号分别在 δ_C/δ_H 79.2ppm/5.59ppm、82.4ppm/4.96ppm、61.1ppm/2.95ppm 和 80.7ppm/4.51ppm 检测到，由于其在植物体中的相对量本来就很少，因此在 HSQC 图谱中的信号非常弱。对羟基肉桂醇端基结构（F）侧链区 γ 位相关信号位于 δ_C/δ_H 61.6ppm/4.07ppm。

　　在云南甜竹木质素样品（L_5）HSQC 谱图的芳香环区，紫丁香基结构（S）、愈创木基结构（G）和对羟苯基结构（H）的相关信号都能很好地分辨出来。S 型结构单元 $C_{2,6}$－$H_{2,6}$ 的相关信号在 δ_C/δ_H 104.3ppm/6.7ppm，而 G 型结构单元 C_2－H_2、C_5－H_5、C_6－H_6 信号分别位于 δ_C/δ_H 111.4ppm/6.9ppm、114.8ppm/（6.7ppm+6.9）ppm 和 119.4ppm/6.8ppm。G 型结构单元的 C_5－H_5 出现两个信号，其原因可能在于苯环 4 号位碳上羟基发生了不同的取代所致，如游离羟基或醚化羟基。C_α 位具有羰基的紫丁香基（S'、S''）的信号分别位于 δ_C/δ_H 104.8ppm/7.35ppm 和 105.9ppm/7.28ppm。对羟苯基结构（H）$C_{2,6}$–$H_{2,6}$ 相关信息位于 δ_C/δ_H 128.1ppm/7.16ppm，而其相对应 $C_{3,5}$－$H_{3,5}$ 位的相关信号则与 G 型结构单元的相关信号重叠。除此之外，酯化的对香豆酸单元（A''）的信号在 HSQC 图谱中也非常明显，$C_{2,6}$－$H_{2,6}$ 和 $C_{3,5}$－$H_{3,5}$ 的信号分别位于 δ_C/δ_H 130.4ppm/7.5ppm 和 116.7ppm/6.3ppm。其侧链 C_α 和 C_β 的信号分别位于 δ_C/δ_H 144.7ppm/7.5ppm 和 115.4ppm/6.3ppm。

　　云南甜竹木质素样品（L_5）中主要连接键的相对百分比（基于所有检测到的总侧链计算）及 S/G 值可以通过计算 HSQC 谱图各相关信号的积分强度得到。结果表明，该木质素样品的主要连接键为 β-O-4'醚键结构（A、A'和 A''），占总侧链的 74.3%；其次是 β-β'树脂醇结构（B）、β-1' 及 α-O-α'螺旋二烯酮结构（D），分别占总侧链的 7.8%和 7.8%；此外还有极少量的 β-5'苯基香豆满结构（C）和对羟基肉桂醇端基结构，分别占总侧链的 6.8、3.1%。通过二维谱图积分可以计算得到该木质素样品的 S/G 值为 3.1。少量（1.0%）木质素侧链（主要是 S 单元）在 γ 位发生乙酰化取代。

表 12-5　云南甜竹木质素组分（L_5）主要连接键的相对百分比及 S/G 值

Table 12-5 Structural characteristics（relative sbundance of the main interunit linkages, percentage of γ-acylation and S/G ratio）from integration of ^{13}C-^1H correlation signals in the HSQC spectrum of the lignin fraction（L_5）isolated from *Dendrocalamus brandisii*

木质素中各种连接键的相对含量/%	
β-O-4'醚键结构（A、A'、A"）	74.3
树脂醇结构（β-β'，B）	7.8
苯基香豆满结构（β-5'，C）	6.8
螺旋二烯酮结构（β-1'，D）	7.8
对羟基肉桂醇结构（F）	3.1
γ 位乙酰单元化所占的比例	1.0
S/G 比例	3.1

12.2.6　木质素热稳定性分析

　　木质素可以被广泛应用于化学工业中，有时候它的热稳定性能对木质素基产品的性能具有重要的影响。本研究选取云南甜竹水溶性木质素组分 L_2 和 60%碱性乙醇可溶性木质素组分 L_8，利用热重分析仪分别测定了二者的热稳定性能。测定结果如图 12-7 所示。从图 12-7 可以看出，木质素的 TGA 曲线表现为 3 个阶段。第 1 阶段，从室温至 200℃，本阶段主要作用是残余水分蒸发及生成小分子降解物质，如 CO_2、CO 和 CH_3OH；第 2 阶段，从 200～500℃，为木质素分解最为剧烈的阶段，本阶段木质素失重速度快，生成大量降解产物；第 3 阶段，降解温度大于 500℃，这一阶段降解和缩合反应同时发生，由于大部分木质素已经降解，因此该阶段失重不再明显。

　　当到达实验设置最高温（600℃）时，木质素样品 L_2 和 L_8 的固体残余质量分别为 31%和 39%，这表明 L_8 的热稳定性比 L_2 高。该结果与分子质量分析结果是相一致的。通过与本书前述相关章节中竹材半纤维素的热稳定性对比，发现木质素的热稳定性比半纤维素高。这或许与这两种物质的大分子结构有关，因为木质素具有立体网状结构，而半纤维素是链状分子。在高温缺氧的热裂解条件下，木质素热分解的固体剩余物主要是碳（Devallencourt et al.，1996）。当然，热解产物中不可避免地会夹杂着少量无机盐。

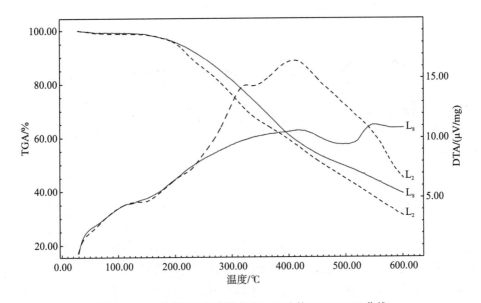

图 12-7　云南甜竹木质素样品（L_2、L_8）的 TGA/DTG 曲线

Fig. 12-7　TGA/DTG curves of the isolated lignin fractions（L_2，L_8）

solated from *Dendrocalamus brandisii*

12.3　本 章 小 结

　　为研究云南甜竹木质素的化学结构特征，先后采用热水（80℃、100℃、120℃）和 60%碱性乙醇（0.25%、0.5%、1.0%、2.0%、3.0%、5.0% NaOH）从竹材原料中分离得到 9 个木质素样品。通过得率、化学纯度、分子质量、紫外吸收光谱、红外光谱、核磁共振及热稳定性等分析，系统表征了云南甜竹木质素的化学结构。结果表明，热水和 60%碱性乙醇连续处理一共从竹材中抽提出 82.7%的木质素（按木质素总含量计）。其中，水溶性木质素含有较多的半纤维素（9.3%～22.3%），分子质量较小（1350～1490g/mol）；碱性乙醇可溶性木质素化学纯度高（含 0.6%～1.7%半纤维素），分子质量较大（2830～3170g/mol）。光谱学分析结果表明，云南甜竹木质素属于典型的禾草类木质素，即 GSH 型木质素，云南甜竹木质素大分子的主要结构片段为 *β-O*-4'醚键结构（74.3%），其次是 *β-β*'连接的树脂醇结构和 *β*-1'连接的螺旋二烯酮结构（分别为 7.8%和 7.8%），同时还有少量 *β*-5'连接的苯基香豆满结构（6.8%）和对羟基肉桂醇端基结构（3.1%）。云南甜竹木质素苯丙烷结构侧链 γ 碳有少部分发生乙酰化，乙酰化比例为 1.0%。另外，云南甜竹木质素样品的热稳定性与其内在结构和化学特性密切相关，分子量大、含半纤维素少的木质素热稳定性高。

第13章 基于DMSO/TBAH全溶体系的甜龙竹组分分离及结构表征

木质化植物的细胞壁是由纤维素、半纤维素和木质素三大组分不断沉积而逐渐形成的。在植物细胞壁中，这些主要组分之间存在着复杂的物理和化学连接。因此，细胞壁中的木质素常和碳水化合物（主要是半纤维素）交联在一起，生成木质素-碳水化合物复合物（LCC）。"木质素-碳水化合物复合物"这一名称最先是由贝克曼用来描述那种伴有木质素的半纤维素组分（詹怀宇，2005）。后来，曾有多人撰写过关于 LCC 的综述性报道。截至目前的各种科学报道都有力地证明木质素与碳水化合物之间确实存在着化学键连接。这些键主要包括苯基糖苷键、苄基醚键、酯键、缩醛或半缩醛键（Tokimatsu et al.，1996；Toikka et al.，1998；Toikka and Brunow，1999；Balakshin et al.，2007，2011）。其中，苯基糖苷键、苄基醚键和酯键已经通过模型化合物研究证实（Ralph et al.，1999）。

在生物质化学理论研究领域里，关于 LCC 结构的争论一直没有停止过。有人认为 LCC 天然存在于木质纤维原料细胞壁中，而有人认为 LCC 形成于木质纤维原料加工或预处理过程，如化学制浆脱木质素过程（Gierer and Wännström，1986；Iverson and Wannström，1986；Choi et al.，2007），或者生物乙醇制备中的生物发酵处理等（Kim et al.，2003；Aita et al.，2011）。为了系统地表征 LCC 的化学结构，人们探索了很多种方法，如传统的化学分析方法、现代仪器分析方法（如 NMR、FT-IR、GPC、HPAEC 等）或者传统化学分析和现代仪器分析技术相结合的表征方法。在表征 LCC 结构方面，美国北卡罗来纳州立大学 Chang（1975，1992）课题组、"威斯康星州立大学麦迪逊校区 Ralph 课题组的 Hatfield（1999）和 Lu（1998，2003）等研究人员做了许多建设性的工作"，他们利用高频率核磁共振技术表征了 LCC 结构中苯基糖苷键、苄基醚键、γ 酯键等连接键型，并通过积分计算核磁共振信号测算了这些键的相对比例，这无疑大大推进了 LCC 结构研究的进程。但是，由于 LCC 属于聚合物结构，同时木质素-碳水化合物之间的连接键对环境敏感，分离、表征 LCC 结构仍然十分不容易。

完整而清晰地分离得到具有 LCC 结构特征的分子片段是研究木质素-碳水化合物之间化学键合关系的首要任务。一般情况下，为了分离得到原本木质素和LCC结构，往往会采用球磨的方式打开植物细胞壁的结晶结构。在溶剂抽提之前，有时候还会经历酶水解处理(Björkman，1956；Chang et al.，1975；Fiserova et al.，1985；Wu and Argyropoulos，2003；Anderson et al.，2008)。但是，溶剂抽提的最大弊端是只能抽提得到细胞壁中少量的 LCC 结构，抽提得到的 LCC 组分不能完整地代表植物细胞壁中天然的 LCC 结构。为了提高抽提的得率，有时候会增加球磨强度或用酶进行预处理，但是这些处理会破坏木质素和 LCC 的原本结构。最近，立足于针叶材和阔叶材原料细胞壁的特殊化学组成，Du 等(2013a, 2013b)提出了一种基于全溶体系的 LCC 分离技术。在该技术中，经预处理或原始木质纤维原料首先全溶于二甲基亚砜(DMSO)和四丁基氢氧化铵(TBAH)混合溶剂中，溶解后的样品溶液先后经去离子水沉淀和 BaOH 络合处理，纯化后得到多个富含葡聚糖、聚甘露糖和聚木糖的 LCC 组分。这种方法简单易行，处理条件温和，对 LCC 结构破坏小，得到的 LCC 极具代表性，有望发展成为一种全新的 LCC 分离纯化技术体系。

　　基于 LCC 分离及结构表征研究的最新进展，本章以 DMSO/TBAH 全溶体系为溶剂，从云南甜竹中分离得到富含 LCC 结构信息的木质素-碳水化合物复合物，并综合利用多种现代仪器分析手段系统表征了分离组分的结构特征。

13.1　材料与方法

13.1.1　实验材料

　　实验用的云南甜竹为 3 年生竹材，采自云南省昌宁县。竹子秆材风干后切成小块，粉碎，过筛，不同粒径原料分别收集，干燥后保存。取 60～80 目粒径的竹子样品，于索氏抽提器中用甲苯：乙醇(2∶1，V/V)抽提 6h，去除抽提物。抽提后的竹子原料在 50℃烘箱中干燥 16h，存于干燥器中，备实验分析之用。云南甜竹秆材含纤维素 53.2%、半纤维素 22.2%、木质素 23.1%、测定方法参照美国国家可再生能源实验室标准方法(Sluiter et al.，2008)。

　　实验用的二甲基亚砜购于北京化工厂，浓度为 40%的四丁基氢氧化铵水溶液(TBAH)购于阿法埃沙(Alfa Aesar)(天津)化学有限公司，两种化学试剂均为分析纯级别。

13.1.2　云南甜竹组分分离纯化

　　取 20g 粒径为 60～80 目的脱蜡竹子样品，在一个含有 10 个直径为 2cm 和 25 个直径为 1cm 氧化锆珠子的氧化锆罐体(500mL)中进行行星球磨(P6，德国

FRITSCH 公司）。行星球磨工作速度为 500r/min，球磨在氮气氛围下进行。为防止罐体过热，每球磨 10min 后暂停 10min，累计球磨时间为 8h。取球磨后的竹粉（2.0g）溶于由 25mL/DMSO 和 25mL TBAH（40%，*w/w*）组成的混合溶剂中，磁力搅拌约 5h 后，使竹粉完全溶解于溶剂中。此后，将全溶后的竹粉溶液缓慢倒入 500mL 去离子水中，可发现立即有沉淀析出。静置约 1h 后，采用离心方式分离出沉淀物。沉淀用去离子水反复洗涤至中性，冷冻干燥，得到纤维素-木质素样品（CL）。离心分离所得滤液用稀盐酸中和至中性，中和后的滤液经浓缩后在水中透析，以去除 TBAH 及其他小分子杂质，透析袋分子截流量为 1000Da。透析结束后浓缩滤液，冷冻干燥得到聚木糖-木质素样品（XL）。分离流程如图 13-1 所示。所有实验都重复两次操作，实验标准偏差小于 3.7%。样品得率按产物占原料百分比计算。

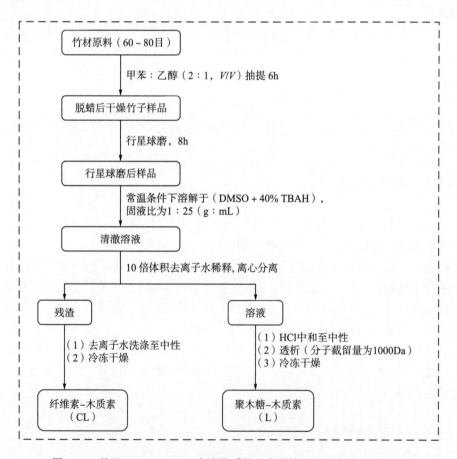

图 13-1　基于 DMSO/TBAH 全溶体系的云南甜竹组分分离流程示意图

Fig. 13-1　Scheme for extraction of cell wall component fractions from

Dendrocalamus brandisii with DMSO/TBAH solvent

13.1.3　云南甜竹组分结构表征

本研究分别对分离得到的纤维素-木质素和聚木糖-木质素两个样品的化学组成、分子量及其分布、红外光谱、核磁共振波谱进行了测定，相关测定方法与第10 章 10.1.3 节所述相同。

13.2　结果与讨论

13.2.1　云南甜竹组分分离

在植物纤维细胞壁中，木质素与碳水化合物之间以化学键连接形成 LCC，这是不争的事实。然而，由于受植物细胞壁结构的复杂性及 LCC 结构敏感性的影响，从植物细胞中分离 LCC 组分十分困难(Salmén and Burgert，2008)。以往的各种LCC 分离方法中，植物纤维原料一般都要预先经过球磨处理(有时伴有酶处理)以打开细胞壁的复杂结构，然后再用溶剂进行抽提(Björkman，1956；Fiserova et al.，1985；Wu and Argyropoulos，2003；Anderson et al.，2008)。但是，溶剂抽提 LCC的得率非常低，所得 LCC 组分不具有代表性。提高球磨强度或者增加酶处理时间可以一定程度提高 LCC 的得率，但是这样不可避免会导致更多的 LCC 结构遭到破坏(Chang et al.，1975)。所以，建立在球磨和溶剂抽提基础上的 LCC 提取技术一直具有其自身无法弥补的不足。最近，立足于木材类植物纤维原料细胞波主要化学组成，Du 等(2013a，2013b)陆续在 *The plant journal* 和 *Biomacromolecules* 上报道了一种基于二甲基亚砜/四丁基氢氧化铵(DMSO/TBAH)全溶体系的 LCC 分离技术。这种新技术弥补了以往报道的各种 LCC 分离方法因得率低、操作过程对LCC 结构造成破坏而缺乏代表性的不足。

由于竹类植物原料细胞壁化学组成与木材类原料有所不同，因此，本书对 Du等报道的 LCC 分离技术进行了适当修改。在本实验中，首先将球磨 8h 后的云南甜竹粉溶解于 DMSO/TBAH 溶剂体系中，固液比控制为 1∶25(g∶mL)，待竹粉原料完全溶解后(约 5h)，再将溶解所得的棕褐色溶液缓慢分散到去离子水中，纤维素-木质素组分因其分子质量大而首先从去离子水中沉淀出来。由于竹材半纤维素主要由聚木糖组成，聚甘露糖含量极少，因此不需要像处理木材类原料一样用BaOH 络合处理以分离出其中的聚甘露糖组分，经去离子水沉淀处理后剩余溶液中主要含有分子质量较小的聚木糖-木质素组分，经透析纯化和冻干处理即可以得到聚木糖-木质素组分。样品纤维素-木质素(CL)和聚木糖-木质素(XL)的得率见

表 13-1。从表 13-1 可以看出，纤维素-木质素(CL)的得率为 58.2%，聚木糖-木质素(XL)的得率为 36.5%。分离过程中有少部分物质由于透析而流失，损失部分主要为无机盐和小分子有机物。

表 13-1　云南甜竹细胞壁组分得率及化学组成

Tab. 13-1　Yields（% dry bamboo sample，w/w）and chemical compositons of cell

wall component fractions isolated from the dewaxed *Dendrocalamus brandisii*

样品	得率/%	木质素含量/%	糖含量/%	糖分组成(相对含量)/%					
				Rha	Ara	Gal	Glu	Xyl	Glca
CL	58.2	14.2	82.8	ND	0.6	ND	84.6	14.8	ND
XL	36.5	41.4	56.4	0.7	3.1	ND	20.6	75.1	0.5

注：Rha. Rhamnose，鼠李糖；Ara. Arabinose, 阿拉伯糖；Gal. galactose, 半乳糖；Glu. Glucose, 葡萄糖；Xyl. Xylose，木糖；Glca. glucuronic acid，糖醛酸；ND. 未检测到。

13.2.2　化学组成分析

为了明确样品 CL 和 XL 的化学组成，本研究按照美国国家可再生能源实验室的标准方法对样品木质素含量和糖组成进行了测定(Sluiter et al.，2008)，结果列于表 13-1 中。从测定结果可以看出，纤维素-木质素(CL)样品主要由聚糖组成，聚糖含量为 82.8%，木质素含量只有 14.2%；而聚木糖-木质素(XL)样品含聚糖 56.4%，木质素的含量增加至 41.4%。此外，从对样品 CL 和 XL 水解液分析结果可以发现，样品 CL 中聚糖主要由葡萄糖构成(84.6%)，含有较少量的木糖(14.8%)；而样品 XL 的水解液主要由木糖(75.1%)构成，同时含有 20.6%的葡萄糖。从上述实验结果可以看出，当把溶解状态的竹粉分散到去离子水中以再生纤维素组分时，只有少部分木质素伴随纤维素的再生而沉出，大部分木质素仍然与半纤维素一起共溶于水中，其主要原因可能在于木质素与纤维素之间只存在分子间吸引力，而与半纤维素之间存在更强的化学键结合力，从而导致样品 XL 中木质素含量非常高(Eriksson and Goring，1980；Lawoko et al.，2006)。这一结果也间接表明本研究所用的分离方法基本没有破坏竹材中木质素与半纤维素之间的化学键，LCC 结构特征能够得以完整保存下来。

在此需要注意的是，由于竹材半纤维素构成比较单一，主要由聚木糖类半纤维素构成，因此当经过在水中再生沉淀出纤维素和少量木质素后，剩余在溶液中的组分自然只有聚木糖和木质素。但是，如果实验样品中含半纤维素种类复杂，如针叶材中除了含有聚木糖外，还含有聚葡萄糖甘露糖类半纤维素，则按本研究中再生纤维素后剩余的溶液里就同时含有聚木糖和聚葡萄糖甘露糖，因此就不能单纯地标记为聚木糖-木质素(Timell and Syrancuse，1967)。当然，对于针叶材类原料，可以通过使用氢氧化钡络合，进一步将溶液中的聚木糖和聚葡萄糖甘露糖分离开来，这在技术上是不难做到的(Meier，1958)。

13.2.3　分子质量分析

从云南甜竹细胞壁中分离得到的样品 CL 和 XL 的分子质量及其多分散性可以通过凝胶色谱测定得到。CL 和 XL 的分子质量测定结果见表 13-2。测定结果表明，CL 的分子质量很大，高达 468 520g/mol，而 XL 的分子质量则较小，只有 21 640g/mol。事实上，这一结果与预期结果基本一致，因为虽然纤维素和半纤维素均为聚糖化合物，但是纤维素的分子质量远高于半纤维素。在本研究中，分子质量差异是实验中分离 CL 和 XL 两组分的主要理论依据之一。在本分离流程中，纤维素-木质素组分由于具有高分子质量，在水中的溶解度极小，因此当将竹粉溶液分散在水中时，CL 能够首先沉淀出来(Cadena et al.，2011；Li et al.，2011)。

表 13-2　云南甜竹细胞壁组分的重均分子质量(M_w)、
数均分子质量(M_n)和多分散性(M_w/M_n)

Tab. 13-2　Weight-average (M_w) and number-average (M_n) molecular weights and polydispersity (M_w/M_n)

of the cell wall component fractions isolated from *Dendrocalamus brandisii*

	样　品	
	CL	XL
M_w	468 520	21 640
M_n	246 590	10 300
M_w/M_n	1.9	2.1

13.2.4　红外光谱分析

除了化学分析外，红外光谱分析也可以反映出样品 CL 和 XL 之间所存在的差异。从图 13-2 可以看出，样品 CL 主要表现出聚糖的红外光谱特征。其中，波长 1200～800cm^{-1} 范围是纤维素和半纤维素多糖的指纹区(Kačuráková et al.，2000)。在 1042cm^{-1} 处较大的峰是由于 C—O—C 的弯曲振动造成的(Kačuráková et al.，1994，1998)，更为确切地讲，是纤维素和半纤维素组分 C—O—C 的吸收峰。另一个强度不大但特别重要的吸收峰位于 895cm^{-1}，这是 β-糖苷键的特征吸收峰，说明竹材纤维素和半纤维素基本单元是通过 β-糖苷键连接的。由于 CL 木质素含量低，其红外光谱图中基本检测不到木质素信号。

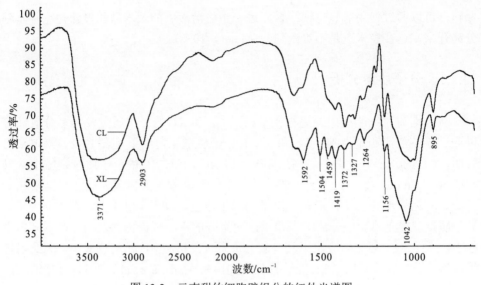

图 13-2　云南甜竹细胞壁组分的红外光谱图

Fig. 13-2　FT-IR spectra of the cell wall component fractions isolated from

Dendrocalamus brandisii

样品 XL 的红外光谱图可以同时发现半纤维素聚糖和木质素苯环的特征吸收峰，其中，波长在 1592cm^{-1}、1504cm^{-1} 和 1419cm^{-1} 处的吸收峰为木质素苯环骨架振动的特征吸收峰，1459cm^{-1} 处的吸收峰为与苯环相连的 C—H 变形振动，位于 1372cm^{-1} 的弱吸收峰源自苯环自由羟基，表明 DMSO/TBAH 处理过程中有少部分芳基醚键被打断，形成了新的自由酚羟基。1327cm^{-1} 和 1264cm^{-1} 处的吸收峰分别由紫丁香基和愈创木基的苯环伸缩振动引起。1042cm^{-1} 和 895cm^{-1} 处的强吸收峰表明 XL 样品中包含有大量的半纤维素。红外光谱图表明，样品 CL 主要由聚糖构成，而 XL 则同时含有半纤维素和木质素，这和表 13-1 中关于样品化学组成测定结果相一致。

13.2.5　核磁共振分析

为了进一步表征分离得到的云南甜竹细胞壁组分是否含有 LCC 结构信息，本研究对样品 XL 进行了二维核磁共振分析。因未经乙酰化处理的聚木糖-木质素样品无法溶于氘代水或氘代 DMSO 试剂，为此，本实验按照 Lu 和 Ralph（2003）报道的方法对 XL 进行了乙酰化处理，以促进样品溶解并得到清晰的 HSQC-NMR 图谱。首先，称取 600mg XL 样品，溶于 10mL DMSO 中，然后继续加入 5mL 甲基咪唑（NMI），搅拌约 3h 后形成清澈棕色溶液；随后，加入 3mL 乙酸酐，搅拌反应 1.5h；反应结束后，将混合液缓慢分散至 2000mL 去离子水中，乙酰化后的

XL 迅速再生；最后，离心分离，反复洗涤后冻干，得到乙酰化后 XL 样品。

经乙酰化后的样品 XL 的 HSQC-NMR 图谱如图 13-3 所示。可以看出，样品的 HSQC 图谱中既有木质素的相关信号，也有碳水化合物的相关信号。在芳香环区，愈创木基 G_2、G_5、G_6 的 C—H 相关信号分别出现在 δ_C/δ_H 111.0ppm/7.02ppm、116.0ppm/6.95ppm、119.3ppm/6.88ppm；紫丁香基 $S_{2,6}$ 的 C–H 相关信号位于 δ_C/δ_H 103.9ppm/6.65ppm；α 碳氧化的紫丁香基 $S'_{2,6}$ 的 C—H 的信号位于 δ_C/δ_H 105.7ppm/7.23ppm；对香豆酸 $pCA_{2,6}$、$pCA_{3,5}$ 的 C—H 相关信号分别位于 δ_C/δ_H 129.3ppm/7.52ppm、122.0ppm/7.08ppm。在侧链区，β-O-4'（A）结构 α、β 和 γ 碳的 C—H 相关信号分别位于 δ_C/δ_H 74.1ppm/5.92ppm、79.7ppm/4.56ppm、62.5ppm/4.38ppm；β-β'（B）结构 γ 碳的 C—H 相关信号位于 δ_C/δ_H 71.3ppm/3.92ppm；δ_C/δ_H 55.6ppm/3.75ppm 处的强信号峰是甲氧基（OMe）的信号（Lu and Ralph，2003；Wen et al.，2012）。

在样品 XL 的 HSQC-NMR 谱图中，碳水化合物的信号主要包括乙酰化木糖和葡萄糖。其中，乙酰化后木糖 C_1—H_1（X_1）、C_2—H_2（X_2）、C_3—H_3（X_3）、C_4—H_4（X_4）、C_5—H_5（X_5）的碳氢相关信号分别位于 δ_C/δ_H 101.5ppm/4.25ppm（未标出）、72.5ppm/3.23ppm、73.5ppm/3.28ppm、75.3ppm/3.56ppm、62.8ppm/3.26ppm 和 62.8ppm/3.85ppm；乙酰化后葡萄糖 C_1—H_1（Glc_1）、C_2—H_2（Glc_2）、C_3—H_3（Glc_3）、C_4—H_4（Glc_4）、C_5—H_5（Glc_5）和 C_6—H_6（Glc_6）的碳氢相关信号分别位于 δ_C/δ_H 101.1ppm/4.40ppm（未标出）、70.8ppm/4.56ppm、71.8ppm/4.95ppm、75.7ppm/3.70ppm、72.5ppm/3.28ppm、61.86ppm/4.30ppm、61.86ppm/4.04ppm（Qu et al.，2011；Hedenström et al.，2009）。

植物细胞壁中 LCC 连接键的主要类型有苯基糖苷键、苄基醚键和 γ-酯键，在未经乙酰化处理样品的二维核磁共振图谱中，这 3 种连接键的信号分别出现在 δ_C/δ_H 104～99ppm/4.8～5.2ppm、81～82ppm/4.5～4.7ppm、4.9～5.1ppm、65～62ppm/4.0～4.5ppm（Balakshin et al.，2011）。本实验试图通过调低等高线来显示 XL 中木质素与半纤维素之间的连接键，但是最终还是没有检测到清晰的碳氢相关信号，因为当将二维核磁图谱的等高线继续调低时，图谱中的会出现更多的发生严重重叠的碳氢相关信号。

综合上述化学组成、分子质量、红外光谱和二维核磁共振分析的相关结果，可以确定样品 XL 中既含有木质素成分，又含有半纤维素组分。同时，由于实验过程中竹子样品的溶解、再生和干燥等操作都是在温和条件下进行的，分离过程对 LCC 连接键的破坏小。因此，可以想象当采用工作频率更高的核磁共振分析仪或对样品进一步纯化以去除游离的半纤维素和木质素后，样品 XL 的 LCC 连接键信号应该能清晰显示出来。

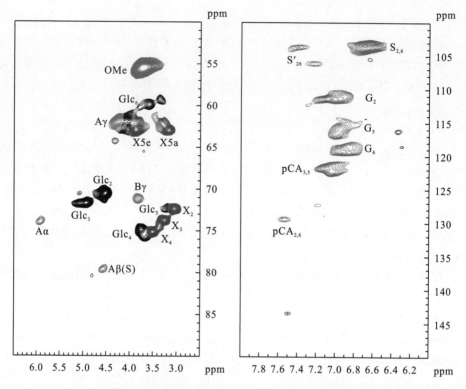

图 13-3　云南甜竹细胞壁分离组分 XL 的二维碳氢相关核磁共振图谱

Fig. 13-3 ^{1}H/^{13}C NMR（HSQC）of cell wall component fraction XL

isolated from *Dendrocalamus brandisii*

13.3　本 章 小 结

　　本章提出一种全新的基于 DMSO/TBAH 全溶体系的竹材组分分离新技术。在本研究中，采用 DMSO/TBAH 全溶体系为溶剂，在室温下溶解经球磨处理的云南甜竹原料，经在水中再生后得到纤维素-木质素（CL）和聚木糖-木质素（XL）两个样品。其中，纤维素-木质素（CL）的得率为 58.2%，聚木糖-木质素（XL）的得率为 36.5%。成分分析结果表明，纤维素-木质素（CL）样品的聚糖含量为 82.8%，木质素含量为 14.2%；聚木糖-木质素（XL）样品聚糖含量为 56.4%，木质素含量为 41.4%。红外光谱和二维核磁共振分析结果表明，样品聚木糖-木质素（XL）既有木质素的相关信号，也有半纤维素的相关信号，但未能证实其是否是一种富含 LCC 连接结构的木质素-半纤维素复合物。由于操作条件温和，分离过程对细胞壁组分破坏作用小，基于 DMSO/TBAH 全溶体系的细胞壁组分分离技术有望发展成为一种全新的木质纤维原料组分分离及结构研究方法。

第14章 总结与展望

大型丛生竹材秆型高大，单株产量高，容易培育种植，其虽具有禾本科植物的一般属性，却拥有近似于木本植物的材质结构。一直以来，受分布地区科技文化水平限制，至今有关大型竹材开发利用的相关研究非常有限，十分不利于实现竹材的资源优势向产业优势转化。本书通过对巨龙竹、云南甜竹两种典型大型丛生竹的物理力学性质、纤维形态、化学组成、木质素、半纤维素及它们之间的化学键合机制的综合研究，系统评价了这两种大型丛生竹材的基础理化性质和开发利用价值。开展本书相关研究，可以为大型丛生竹资源化开发利用奠定必要的理论研究基础，有助于推动广大竹区竹产业的快速与可持续发展。

14.1 巨龙竹秆材基础理化性质

14.1.1 巨龙竹秆材物理力学性质

干缩率：薄壁型巨龙竹在气干状态下径向、弦向干缩率分别为3.920%、2.265%；在全干状态下径向、弦向干缩率分别为6.187%、5.560%。厚壁型巨龙竹在气干状态下径向、弦向干缩率分别为3.333%、2.230%；在全干状态下径向、弦向干缩率分别为 4.83%、5.700%。薄壁型和厚壁型巨龙竹线向干缩率低于油簕竹和云南甜竹，高于龙竹和毛竹。

(2)密度：薄壁型巨龙竹的基本密度为0.628g/cm³、气干密度为0.756g/cm³、全干密度为 0.711g/cm³；厚壁型巨龙竹的基本密度为 0.680g/cm³、气干密度为1.000g/cm³、全干密度为1.180g/cm³。厚壁型巨龙竹基本密度略高于薄壁型巨龙竹。从竹秆纵向分布来看，自竹秆根部至梢部，各密度值不断增大，两者具有相同的变化规律。

(3)湿胀性：厚壁型巨龙竹的气干体积湿胀率及吸水饱和体积湿胀率分别为12.39%和 21.04%，明显高于云南甜竹；同时显著高于薄壁型巨龙竹的 9.01%和14.67%。从竹秆的纵向分布方面来看，薄壁型和厚壁型巨龙竹随着竹秆高度的增加湿胀性不断减小。

(4)吸水性：薄壁型和厚壁型巨龙竹吸水率均值分别为62.68%和64.25%，二者相差 1.57%。将薄壁型与厚壁型巨龙竹的吸水率进行纵向对比发现：随着竹秆高度的增加吸水率有所减少。

(5)纤维饱和点：薄壁型和厚壁型巨龙竹的纤维饱和点分别为 25.32%和31.08%；厚壁型巨龙竹各部位的纤维饱和点明显高于薄壁型巨龙竹。从纵向分布来看，薄壁型和厚壁型巨龙竹随着竹秆位置的增高，竹材纤维饱和点不断减小。

(6)顺纹抗压强度：薄壁型和厚壁型巨龙竹顺纹抗压强度分别为 59.28MPa 和53.65MPa，两者差异不明显。从纵向分布来看，薄壁型和厚壁型巨龙竹随着竹秆高度的增加顺纹抗压强度逐渐增大。

(7)抗弯强度：薄壁型和厚壁型巨龙竹抗弯强度分别为 133.54MPa 和137.02MPa，两者差异不大。从纵向分布来看，薄壁型与厚壁型巨龙竹随着竹秆高度的增加抗弯强度逐渐增大。与其他参比竹材相比，薄壁型与厚壁型巨龙竹的抗弯明显低于油簕竹和龙竹，略低于黄竹和云南甜竹。

(8)抗弯弹性模量：薄壁型和厚壁型巨龙竹的抗弯弹性模量分别为7804MPa、8009MPa。从纵向分布来看，薄壁型和厚壁型巨龙竹的抗弯弹性模量随着竹秆位置的增高而加大，在梢部达到最大值。

从物理力学性质测定结果看，薄壁型和厚壁型巨龙竹在物理性质上有一定差异，尤其在气干体积干缩率上差异显著；在力学性质上，两者差异不显著。薄壁型和厚壁型巨龙竹的密度高于一般木材，各项力学性质在竹材中处于中等水平，高于常见木材。

14.1.2 巨龙竹秆材纤维形态

(1)纤维长宽比：薄壁型巨龙竹的纤维长宽比为 101；厚壁型巨龙竹的纤维长宽比为 112。厚壁型巨龙竹纤维长宽比大于薄壁型巨龙竹，但是，两者差异不明显。

(2)纤维长度分布频率：薄壁型巨龙竹纤维长度主要集中在 0.5~2.0mm，所占比例高达 75.5%，超过 3.5mm 的不足 10%；厚壁型巨龙竹具有相似的分布频率。

(3)纤维壁腔比：薄壁型巨龙竹的纤维细胞壁腔比为 1.80。厚壁型巨龙竹的纤维细胞壁腔比为 1.79。薄壁型和厚壁型巨龙竹的纤维细胞壁薄、腔大，柔韧性较好，是良好的制浆造纸材料。

从纤维形态测定结果看，薄壁型和厚壁型巨龙竹纤维长度大，长宽比高；纤维细长且柔韧性好，具有很高的造纸及人造板材开发价值。

14.1.3 巨龙竹秆材化学组成

(1)灰分：薄壁型和厚壁型巨龙竹灰分含量分别为 2.96%和 4.28%。纵向对比厚壁型和薄壁型巨龙竹灰分含量发现：两者灰分含量基本随着生长高度而变大，梢部的灰分含量最高，分别为 4.43% 和 4.99%。

(2) 木质素：薄壁型和厚壁型巨龙竹木质素含量分别为 24.53% 和 26.12%，两者含量相差 1.59%，差异不明显。

(3) 综纤维素：薄壁型和厚壁型巨龙竹综纤维素含量分别为 70.33% 和 71.01%，厚壁型及薄壁型巨龙竹棕纤维含量适中，两者相差较小。从竹秆纵向分布来看，厚壁型和薄壁型巨龙竹综纤维素含量最高为中部，分别为 72.09% 和 70.97%，相差 1.12%，其次是梢部，最低部位为根部。

(4) 多戊糖：厚壁型巨龙竹含量为 15.96%；薄壁型巨龙竹含量为 14.61%。按照竹秆位置由低到高，厚壁型巨龙竹多戊糖含量分别为 16.32%、15.47%、16.08%，根部含量最高；薄壁型巨龙竹分别为 14.32%、14.07%、15.43%，梢部含量最高。总体而言，多戊糖在两种竹材中未显示明显的分布规律。

(5) 抽出物：薄壁型与厚壁型巨龙竹冷水抽出物含量分别为 5.98% 和 5.52%；热水抽出物含量分别为 7.30% 和 6.60%；两者冷水抽出物和热水抽出物含量在纵向分布上未出现规律性。薄壁型与厚壁型巨龙竹 1%NaOH 抽出物含量分别为：19.75% 和 20.43%；乙醚抽出物含量分别为 0.35% 和 0.34%，两者差异很小。薄壁型和厚壁型巨龙竹苯醇抽出物含量分别为 2.91% 和 3.73%。

从化学成分测定结果看，除灰分、苯醇抽出物含量外，薄壁型和厚壁型巨龙竹化学成分含量差异较小，未见明显区分。木质素含量低于云南甜竹及木本原料，略高于麦草。综纤维素含量略低于云南甜竹、毛竹及桉树，但差异不大。各抽出物的含量低于草本纤维材料。

14.1.4　巨龙竹秆材细胞壁主要组分化学结构

(1) 巨龙竹是世界上最大的竹子，其秆材含纤维素 44.5%、木质素 28.6%、半纤维素 17.6%、灰分 3.5%。在 75℃ 条件下，依次用 80% 酸性乙醇 (含 0.025mol/L HCl)、80% 碱性乙醇 (含 0.5% NaOH) 和碱性水溶液 (含 2.0%、5.0%、8.0% NaOH) 对巨龙竹秆材连续抽提 4h，得到五个半纤维素样品。乙醇和碱液多步骤抽提一共得到占原料干重 16.6% 的半纤维素，多步抽提所得半纤维素总量占原料半纤维素总含量的 94.5%。巨龙竹乙醇和碱性水溶液可溶性聚糖的主要化学组分是聚阿拉伯糖木糖，其中醇溶性半纤维素中含有少量的淀粉。对得率和纯度较高的半纤维素样品进行结构分析表征，结果表明该半纤维素样品的分子主链是 $(\beta\text{-}1{\to}4)$-聚木糖，侧链为 α-L-阿拉伯糖和 (或) 4-O-甲基-D-葡萄糖醛酸，侧链通过 α-$(1{\to}3)$ 和 (或) α-$(1{\to}2)$ 方式连接到聚木糖分子主链上。

(2) 以世界上最高大的竹子 (巨龙竹) 为实验原材料，采用 80% 酸性乙醇 (含 0.025 mol/L HCl)、80% 碱性乙醇 (含 0.5% NaOH) 和碱性水溶液 (含 2.0%、5.0%、

8.0% NaOH)连续抽提,得到五个木质素样品(L_1、L_2、L_3、L_4和L_5)。酸性乙醇、碱性乙醇和NaOH溶液连续抽提总计从巨龙竹中抽提出80.9%的木质素(按木质素总含量计)。其中,醇溶性木质素分子质量较小(1360～1380g/mol),碱溶性木质素分子质量较大(5300～6040g/mol)。光谱学分析结果表明,巨龙竹木质素属于典型的禾草类木质素,即GSH型木质素,巨龙竹木质素样品的主要连接键为β-O-4'醚键,其次是β-β'、β-1'和β-5'结构。同时,研究发现,在巨龙竹木质素大分子中,侧链γ位碳与对香豆酸存在化学键连接,形成对香豆酸酯。

(3)在温和条件下,采用二氧六环和DMSO连续抽提球磨后的巨龙竹原料,分别得到两个木质素样品(MWL、DSL)。通过化学纯度、分子质量、红外光谱、核磁共振等分析,系统表征了样品中木质素的结构及其与碳水化合物的连接方式。结果表明,二氧六环和DMSO两步抽提一共从原料中抽提出52%的木质素(按木质素总含量计),由于试验条件温和,抽提过程基本没有破坏木质素的分子结构,所得的两个木质素样品较完好地保存了木质素的天然结构特征。光谱学分析结果表明,巨龙竹木质素属于典型的禾草类木质素,即GSH型木质素,巨龙竹木质素样品的主要连接键为β-O-4'醚键,其次是β-β'、β-1'和β-5'结构。研究还发现,在巨龙竹木质素大分子结构中存在苜蓿素结构片段。核磁共振波谱分析结果证实,巨龙竹木质素与半纤维素之间存在苯基糖苷键、苄基醚键连接,但未证实巨龙竹LCC中是否存在γ-酯键连接。

14.2 云南甜竹秆材理化性质

14.2.1 云南甜竹秆材物理力学性质

(1)含水率:云南甜竹的饱和含水率平均为85.19%,容纳水分的能力不如油簕竹和龙竹,但比黄竹和巨龙竹强;从根部到梢部,云南甜竹含水率表现出明显的递减规律。

(2)干缩率:云南甜竹气干体积干缩率、全干体积干缩率为9.670%和11.853%,小于参比竹材巨龙竹、油簕竹、龙竹;云南甜竹弦向气干干缩率和全干干缩率测定结果分别为 4.000%和 4.974%,小于其径向气干干缩率(5.153%)和全干干缩率(6.121%)。

(3)密度:云南甜竹的气干密度(含水率 12%)、全干密度、基本密度分别为0.725g/cm³、0.689g/cm³、0.551g/cm³,比龙竹高,低于巨龙竹、油簕竹、黄竹;与木材相比,云南甜竹的全干密度是杉木(0.359g/cm³)的 1.9 倍、马尾松(0.521g/cm³)的 1.3 倍、云南松(0.615g/cm³)的 1.1 倍、马占相思(0.533g/cm³)的 1.3

倍；随着竹秆纵向高度的增加，云南甜竹的竹材密度也在不断增大。

（4）顺纹抗压强度：云南甜竹根部、中部、梢部的顺纹抗压强度分别为 56.68MPa、58.51MPa 和 71.05MPa，平均为 62.08MPa，低于参比竹种黄竹、巨龙竹、油簕竹、龙竹等丛生竹，但高于毛竹的顺纹抗压强度（59.84MPa）；在纵向上，云南甜竹的顺纹抗压强度逐渐增加，其中梢部最高，可达 71.05MPa；和木材相比，云南甜竹顺纹抗压强度高于天然生长的杉木、云南松、马尾松、湿地松、火炬松几种木材。

（5）抗弯强度：云南甜竹的抗弯强度从根部到梢部逐渐增大，根部、中部、梢部的抗弯强度分别为 117.53MPa、147.35MPa、170.30MPa，平均为 145.06MPa，与参比竹种黄竹基本近似，高于巨龙竹，低于油簕竹和龙竹；和木材相比，云南甜竹的抗弯强度高于杉木、云南松、马尾松、湿地松、火炬松几种成熟木材。

（6）抗弯弹性模量：云南甜竹的抗弯弹性模量竹梢部分最大，为 13 673MPa，根部最小，为 8853MPa，中部介于前两者之间，为 12 531MPa，整竹平均抗弯弹性模量为 11 686MPa，与毛竹材的弹性模量 11 934MPa 非常接近。

（7）纤维饱和点：云南甜竹的纤维饱和点含水率随竹秆高度的增加而减小，其中根部为 30.13%，中部为 21.84%，梢部为 14.86%，平均为 22.28%，比参比竹种龙竹和油簕竹小，但高于参比竹种黄竹和巨龙竹；云南甜竹的纤维饱和点含水率略低于一般木材。

（8）湿胀性：云南甜竹从全干材到气干材和吸水饱和时，其体积湿胀率分别为 9.210% 和 19.269%，比参比竹种毛竹的相应湿胀率（5.305% 和 10.704%）要大，与大木竹的相应湿胀率（8.965% 和 18.686%）基本接近。

物理力学性质是竹材原竹开发利用的基础，竹材的诸多用途都是由物理力学性质决定的。云南甜竹密度比一般木材高，体积干缩性小，顺纹抗压强度、抗弯强度、抗弯弹性模量等力学性质在竹材中处于中等水平，但高于常见木材。整体来看，云南甜竹多项材性指标满足各种板材、建筑材料对原料的性能要求。在我国木材资源供需矛盾日益突出的情况下，云南甜竹不失为一种优良的木材替代材料。

14.2.2　云南甜竹秆材纤维形态

（1）纤维长度、宽度及长宽比：云南甜竹纤维长度在 0.97～5.32mm，平均长度为 2.65mm，纤维宽度在 7.70～21.14μm，平均宽度为 15.26μm，长宽比在 106～247，平均长宽比为 174，属于较长的纤维原料。与常见造纸纤维原料相比，云南甜竹的纤维长度比慈竹、毛竹、芦苇、稻草等非木材纤维类原料长，比桉树长，比云杉、马尾松等针叶材短；长宽比比参比原料慈竹、毛竹、芦苇、稻草、云杉、马尾松和桉树等高。

(2)纤维长度的分布频率：云南甜竹纤维长度大部分集中于 2.0～3.5mm，大于 2.0mm 的比例高达 75.2%，长度在 3.5mm 以上纤维比例超过 10%。可见，云南甜竹纤维主要分布在较长级中，造纸适应性明显优于慈竹、毛竹、芦苇、稻草、白皮桦、山杨等参比原料。

(3)纤维细腔径、壁厚和壁腔比：云南甜竹纤维细胞腔径在 7.42～30.47μm，平均腔径为 15.88μm，细胞腔较大；纤维细胞双壁厚在 2.77～9.38μm，平均双壁厚为 5.60μm，细胞壁薄；壁腔比在 0.28～0.67，平均壁腔比为 0.35，柔韧性好。

纤维形态是衡量竹材造纸性能优劣及人造板材开发利用价值的重要内容。云南甜竹纤维长度大、长宽比高、壁腔比小，属于细长且柔韧性好的纤维类型，具有很高的纸浆及人造板材开发价值，尤其在制浆造纸产业，云南甜竹可视为生产中高档纸的上等原料。

14.2.3 云南甜竹秆材化学组成

(1)灰分：云南甜竹灰分含量为 1.12%，略低于参比竹种毛竹、龙竹，远低于麦草的灰分含量(6.04%)，高于马尾松、桉木、杨木的灰分含量；从灰分在竹秆的纵向分布来看，云南甜竹灰分从竹秆根部到梢部呈递增分布，梢部的灰分含量最高，达 2.36%。

(2)木质素：云南甜竹木质素的平均含量为 27.08%，略高于参比竹种毛竹和龙竹，而比马尾松低。云南甜竹木质素含量比常见木材略为偏高(有关学者分析，竹材的木质素含量一般为 19%～25%，少数在 25%以上)，属于木质素含量较高的竹种之一。木质素在云南甜竹根、中、梢各部分布不同，但未表现出明显的规律性。

(3)综纤维素：云南甜竹的综纤维素含量为 72.96%，与毛竹、桉木接近，比龙竹高。从竹秆纵向部位看，云南甜竹从根部到梢部，综纤维素含量呈现出逐渐升高的趋势，且递增规律明显。

(4)多戊糖：云南甜竹的多戊糖含量为 15.51%，高于马尾松和桉木，与毛竹、龙竹接近，而远低于麦草和杨木。在竹材秆高方向上，多戊糖分布略有差异，但是无明显规律可循。

(5)抽出物：云南甜竹冷水和热水抽出物含量为 7.50%和 9.35%，比龙竹低，而高于毛竹、马尾松、桉木、杨木和麦草等其他参比对象；1%NaOH 抽出物含量为 21.60%，比毛竹和龙竹低；乙醚抽出物为 0.35%，与龙竹、毛竹、杨木等差别不大；苯醇抽出物为 3.46%，比毛竹、桉木和麦草高，而低于龙竹，说明云南甜竹中具有含有较多的蜡质、树脂酸和脂肪酸等物质。

竹材的化学成分，是竹材主要性质之一，对竹材材性和加工利用方向有着重要影响，是开展原料利用、设计生产工艺路线、制订生产工艺条件的基本依据。

从化学成分测定结果看，云南甜竹综纤维素含量高，与毛竹、桉木等常用造纸原料接近，木质素含量虽略高于参比竹种，但比针叶材低，灰分含量低于常见非木材纤维类原料，抽出物含量少，完全满足制浆造纸工业对原料的要求，是一种优质的造纸工业原料。

14.2.4 云南甜竹秆材细胞壁主要组分化学结构

(1)选择热水(80℃、100℃、120℃)、60%碱性乙醇溶液(含 0.25%、0.5%、1.0%、2.0%、3.0%、5.0% NaOH)连续抽提脱蜡的云南甜竹原料，得到 3 个水溶性和 6 个碱溶性半纤维素样品。利用糖分析、GPC、FT-IR、一维和二维 HSQC 核磁共振及热分析等检测技术对得到的 9 个半纤维素样品的结构和物理化学性质进行了表征研究。研究表明，热水和碱性乙醇连续抽提可以分离得到占原料干重 20.6%的半纤维素组分，且所得半纤维素样品纯度高，其中残留木质素的含量很低。云南甜竹热水和碱性乙醇可溶性聚糖的主要化学组分是聚阿拉伯糖木糖，同时含有一定量的淀粉。对纯度最高的半纤维素样品采用核磁共振分析方法对其化学结构进行分析表征，结果表明，云南甜竹半纤维素样品的分子主链是 β-(1→4)-聚木糖，侧链为 α-L-阿拉伯糖和/或 4-O-甲基-D-葡萄糖醛酸，侧链通过 α-(1→3)和/或 α-(1→2)键连接到分子主链上。研究还发现，半纤维素的分子质量和分支度对其热稳定性影响很大，分子质量高的半纤维素具有较高的热稳定性能。

(2)为研究云南甜竹木质素的化学结构特征，采用热水(80℃、100℃、120℃)和 60%碱性乙醇(0.25%、0.5%、1.0%、2.0%、3.0%、5.0% NaOH)从竹材原料中分离得到 9 个木质素样品。通过得率、化学纯度、分子质量、红外光谱、核磁共振技术及热重分析，系统表征了云南甜竹木质素的化学结构特征。分析结果表明，热水和 60%碱性乙醇连续抽提一共得到 82.7%的木质素(按木质素总含量计)。水溶性木质素含有较多的半纤维素(9.3%~22.3%)，分子质量较小(1350~1490g/mol)；而碱性乙醇可溶性木质素化学纯度高(含 0.6%~1.7%半纤维素)，分子质量比水溶性木质素大(2830~3170g/mol)。光谱学分析结果表明，云南甜竹木质素属于典型的禾草类木质素，即 GSH 型木质素，木质素大分子的主要结构片段为 β-O-4'醚键结构(74.3%)，其次是树脂醇结构(β-β'连接)和螺旋二烯酮结构(β-1'连接)(分别为 7.8%和 7.8%)，此外还有一定量的苯基香豆满结构(β-5'连接)(6.8%)和少量的对羟基肉桂醇端基结构(3.1%)。研究还发现，云南甜竹木质素苯丙烷结构侧链 γ 碳有少部分发生乙酰化，乙酰化比例为 1.0%。另外，竹材木质素样品的热稳定性与其内在结构和化学特性密切相关，分子质量大、含半纤维素少的木质素样品的热稳定性高。

(3)为探索新的木质纤维原料细胞壁组分分离技术，采用 DMSO/TBAH 全溶体系为溶剂，在室温下溶解经球磨处理的云南甜竹原料，溶解后的试样经水中再生后得到纤维素-木质素(CL)和聚木糖-木质素(XL)两个样品。其中，CL 的得率为 58.2%，XL 的得率为 36.5%。成分分析结果表明，CL 样品的聚糖含量为 82.8%，木质素含量为 14.2%；XL 样品聚糖含量为 56.4%，木质素含量为 41.4%。红外光谱和二维核磁共振分析结果表明，样品 XL 既有木质素的相关信号，也有半纤维素的相关信号。由于操作条件温和，分离过程对木质纤维原料细胞壁组分结构破坏小，基于 DMSO/TBAH 全溶体系的组分分离技术有望发展成为一种全新的木质纤维原料细胞壁组分分离纯化新技术。

14.3　讨论与建议

中国是世界上竹子资源最丰富的国家，竹类种质资源、竹林面积、竹材蓄积量和竹材产量均居世界首位，具有发展竹产业的先天优势。改革开放后，我国竹产业进入工业化利用阶段，得到较大程度的发展。随着我国林业产业的快速发展，在以竹浆纸、竹地板、竹纤维、竹炭为龙头的加工企业的带动下，我国竹产业进入了快速发展的新时期，逐步形成了由资源培育、加工利用、科技研发到国内外贸易的竹产业发展体系。但必须注意的是，当前我国在竹类资源的开发利用中，依然面临着种种亟待解决的问题。例如，竹种利用单一，大部分竹加工业几乎完全依赖毛竹；材用林产量偏低，供需矛盾突出；优良竹种选育工作滞后，竹林基地建设跟不上；竹产业区域发展不平衡，东西差距大等。如果这些问题不能及时解决，其结果必将直接影响我国竹产业的持续经营和快速发展。

丛生竹秆材高大、单株产量高、容易栽培，在我国南方地区分布广泛，极具开发利用价值。长期以来，丛生竹一直被广泛用作制浆造纸、人造板材等工业领域的生产原材料。但是，我国对竹子化学的研究一直是以毛竹为代表的散生竹为主，关于丛生竹的研究十分有限。开展大型丛生竹的基础研究，优选产量高、性能优异的丛生竹种并加以推广利用，对解决当前我国竹产业发展过程中面临的诸多问题无疑具有重要的推动作用。

正因如此，本书对巨龙竹、云南甜竹两种典型大型丛生竹的物理力学性质、纤维形态、化学组成、木质素和半纤维素及它们之间的化学键合机制开展了系统研究。尽管本书取得了一些令人鼓舞的成果，但限于研究时间及个人能力，本书依然存在如下有待不断完善的地方：

(1)我国丛生竹种类极其丰富，尽管本书所选择的巨龙竹、云南甜竹两种大型丛生竹种具有较好的代表性，但不同竹种基础理化性质依然具有差异性。

(2)在木质素、半纤维素分离纯化方面，将来应该尝试采用多步纯化或膜分离技术，以争取得到化学纯度高、分子质量均一的木质素和半纤维素组分。

(3) 在木质素、半纤维素结构表征方面，应该继续开展对其理化性能研究，以更好地确定木质素、半纤维素化学结构与其理化性能之间的关联关系。

(4) 在 LCC 结构研究方面，应该继续完善基于 DMSO/TBAH 全溶体系的 LCC 组分分离纯化技术体系，争取全面解释竹材木质素与半纤维素之间的化学键合机制。

参 考 文 献

鲍甫成, 江泽慧, 姜笑梅, 等. 1998. 中国主要人工林树种幼龄材与成熟材及人工林与天然林木材性质比较研究 [J].
　　林业科学, 34(2)：63-76.

曹小军, 李呈翔, 魏素才, 等. 2009. 四川慈竹生长现状调查与分析 [J]. 世界竹藤通讯, 7(6)：24-28.

陈宝昆, 杨宇明, 张国学, 等. 2007. 大型丛生竹的培育技术及其综合利用研究 [J]. 西部林业科学, 36(2)：1-9.

陈其兵, 高素萍, 刘丽. 2002. 四川省优良纸浆竹种选择与竹纸产业化发展 [J]. 竹子研究汇刊, 21(4)：8-11.

陈双林, 杨清平, 陈长远. 2008. 基于 N/S 的绿竹笋用林丰产结构控制研究 [J]. 林业科学研究, 21(6)：741-744.

陈余钊, 林锋, 吴一宏, 等. 2003. 浙南地区的绿竹笋用林丰产高效栽培技术 [J]. 竹子研究汇刊, 22(4)：25-29.

程良, 王刚. 2007. 直面中国竹产业 [J]. 中国林业产业, 22(3)：18-21.

成俊卿. 1992. 中国木材志 [M]. 北京：中国林业出版社：21-36.

丁雨龙. 2002. 竹类植物资源利用与定向选育 [J]. 林业科技开发, 16(1)：6-9.

段春香, 董文渊, 刘时才, 等. 2008. 慈竹无性系种群生长与立地条件关系 [J]. 林业科技开发, 22(3)：42-44.

杜凡. 2003. 云南重要经济竹种特性及其生产中存在问题 [J]. 西南林学院学报, 23(2)：26-30.

杜凡, 张宏健. 1998. 云南 4 种材用丛生竹的组织结构 [J]. 西南林学院学报, 18(2)：80-82.

窦营, 余学军. 2008. 世界竹产业的发展与比较 [J]. 世界农业, (7)：18-20.

傅懋毅, 杨校生. 2003. 我国竹类研究展望和竹林生境利用 [J]. 竹子研究汇刊, 22(2)：1-8.

付时雨, 詹怀宇, 何为. 2002. 硫酸盐浆残余木素在漆酶/介体体系中的降解(英文) [J]. 华南理工大学学报(自
　　然科学版), 30(12)：30-36.

高贵宾, 顾小平, 吴晓丽, 等. 2009. 绿竹出笋规律与散生状栽培技术 [J]. 浙江林学院学报, 26(1)：83-88.

高明, 王秀芬, 郭锐, 等. 2004. PBS 基生物降解材料的研究进展 [J]. 高分子通报, 5：51-56.

关传友. 2002. 中国竹纸史考探 [J]. 竹子研究汇刊, 21(2)：71-77.

国家林业局森林资源管理司. 2005. 第六次全国森林资源清查及森林资源状况 [J]. 绿色中国, 11(2)：10-12.

郭京波, 陶宗娅, 罗学刚. 2005. 不同提纯方法对竹木质素结构特性的影响分析 [J]. 分析测试学报, 24(3)：77-81.

贺燕丽. 2003. 发展我国竹材制浆造纸的建议 [J]. 宏观经济管理(12)：34-36.

辉朝茂. 2002. 中国竹子培育和利用手册 [M]. 北京：中国林业出版社：25-135.

辉朝茂, 杨宇明. 1998. 材用竹资源工业化利用 [M]. 昆明：云南科技出版社.

辉朝茂, 杜凡, 杨宇明. 1996. 竹类培育与利用 [M]. 北京：中国林业出版社.

辉朝茂, 杨宇明, 郝吉明. 2003. 论竹子生态环境效益与竹产业可持续发展 [J]. 西南林学院学报, 23(4)：25-29.

辉朝茂, 杨宇明, 杜凡. 2006. 珍稀竹种巨龙竹 [M]. 昆明：云南科技出版社：10-35.

辉朝茂, 杨宇明, 杜凡, 等. 2004a. 云南竹林基地建设应重视竹种选择和发展区划问题 [J]. 云南林业, 25(2)：

24-25.

辉朝茂，张国学，李在留，等.2004b. 珍稀竹种巨龙竹种群特性及其保护研究 [J]. 竹子研究汇刊，23（4）：4-9.

贾良智，孙吉良.1982. 我国发现巨型竹 [J]. 竹类研究，1（1）：10-11.

江泽慧.2002a. 加速推进我国竹产业发展 [J]. 林业经济，12（1）：9-14.

江泽慧.2002b. 世界竹藤 [M]. 沈阳：辽宁科学技术出版社：15-80.

匡廷云，白克智，杨秀山.2007. 我国生物质能发展战略的几点意见 [J]. 化学进展，19：1060-1063.

李坚.2006. 木材保护学 [M]. 北京：科学出版社：24-86.

李琴.2000. 我国竹材人造板发展现状与研究方向 [J]. 浙江林业科技，20（3）：79-84.

林金国，林应钦，赖根明.2004. 方竹材纤维形态变异规律的研究 [J]. 江西农业大学学报，26（1）：56-58.

刘晓波，陈海燕，刘辉.2009. 云南德宏龙竹、巨龙竹 KP 法制浆性能的研究 [J]. 天津造纸，（4）：11-15.

马灵飞，朱丽青.1990. 浙江省 6 种丛生竹纤维形态及其组织比量的研究 [J]. 浙江林学院学报，7（1）：63-68.

马灵飞，韩红.1994. 丛生竹纤维形态及主要理化性能 [J]. 浙江林学院学报，11（3）：274-280.

马乃训.2004. 国产丛生竹类资源与利用 [J]. 竹子研究汇刊，23（1）：1-5.

马乃训，张文燕，陈光财.2004. 关于加快发展我国竹材制浆造纸的一些看法 [J]. 林业科技开发，18（1）：9-11.

鹏彪，宋建英.2004. 竹类高效培育 [M]. 福州：福建科学技术出版社：9-13.

普晓兰.2004. 巨龙竹生物学特性的研究 [D]. 南京：南京林业大学：22-46.

齐新民，吴炳生.1999. 料慈竹人工林施肥试验的经济效益分析 [J]. 竹子研究汇刊，18（1）：12-15.

屈维钧.1990. 制浆造纸实验 [M]. 北京：轻工业出版社：2-45.

史正军，辉朝茂，谷中明.2009a. 云南甜竹材性分析及开发利用价值初步评价 [J]. 林业实用技术，10：38-39.

史正军，辉朝茂，袁清泉.2009b. 云南甜竹化学成分分析 [J]. 世界竹藤通讯，7（2）：10-13.

苏文会.2005. 关于大木竹的开发与利用评价 [D]. 北京：中国林业科学研究院.

苏文会，顾小平，马灵飞，等.2005a. 大木竹化学成分的研究 [J]. 浙江林学院学报，22（2）：180-184.

苏文会，顾小平，马灵飞，等.2005b. 大木竹纤维形态与组织比量的研究 [J]. 林业科学研究，18（3）：22-24.

孙正彬.2008. 简述木材的纤维饱和点 [J]. 林业勘查设计，46（2）：99-100.

唐永裕.2001. 竹材利用现状及开发方向探讨 [J]. 竹子研究汇刊，20（3）：36-43.

涂利华，胡庭兴，张健，等.2010. 模拟氮沉降对华西雨屏区慈竹林土壤活性有机碳库和根生物量的影响 [J]. 生态学报，30（9）：2286-2294.

汪佑宏，王善，王传贵，等.2008. 不同海拔高度及坡向毛竹主要物理力学性质的差异 [J]. 东北林业大学学报，36（1）：20-22.

王慷林.1994. 西双版纳竹类资源开发利用的探讨 [J]. 西南林学院学报，14（4）：210-214.

王文久.1999. 云南 14 种主要材用化学成分研究 [J]. 竹子研究汇刊，18（2）：74-78.

王琼，苏智先，雷泞菲，等.2005. 慈竹母株大小对克隆生长的影响 [J]. 植物生态学报，29（1）：116-121.

吴炳生.1999. 竹类资源利用与发展趋势 [J]. 山地农业生物学报，18（5）：351-356.

吴炳生，夏玉芳，傅懋毅，等.1995. 料慈竹化学成分的研究 [J]. 浙江林学院学报，12（3）：281-285.

吴开忻.1999. 植竹造纸大有可为 [J]. 纸和造纸，（4）：58.

吴良如. 1997. 论我国竹类植物环境的利用 [J]. 竹子研究汇刊, 16(4)：10-14.

武文定, 董文渊, 郑进宣. 2008. 不同坡向和海拔对撑绿杂交竹生长的影响研究 [J]. 世界竹藤通讯, 6(6)：14-16.

郐义明. 1991. 植物纤维化学 [M]. 北京：中国轻工业出版社：15-36.

夏玉芳. 1997. 料慈竹纤维形态和造纸性能及其与其他竹种的比较研究 [J]. 竹子研究汇刊, 16(4)：16-20.

谢来苏, 詹怀宇. 2001. 制浆原理与工程 [M]. 北京：中国轻工业出版社：26-99.

谢贻发. 2004. 我国竹类资源综合利用现状与前景 [J]. 热带农业科学, 24(6)：46-52.

熊文愈. 1983. 世界竹子的分布、生产和研究 [J]. 竹类研究, (5)：6-7.

修昆. 2006. 充分利用生物质资源, 大力开发可再生能源 [J]. 河北林业科技, 4：38-39.

杨芹. 2007. 撑绿杂交竹研究现状及其效益探讨 [J]. 山东林业科技, 3：101-103.

杨清, 苏光荣, 段柱标. 2008. 西双版纳丛生竹的纤维形态与造纸性能 [J]. 中国造纸学报, 23(4)：1-7.

杨仁党, 陈克复. 2002. 竹子作为造纸原料的性能和潜力 [J]. 林产工业, 29(3)：8-14.

杨淑惠. 2005. 植物纤维化学 [M]. 北京：中国轻工业出版社：6-69.

尹思慈. 2001. 木材学 [M]. 北京：中国林业出版社：5-95.

余立琴, 胡够英, 沈钰程. 2013. 竹材干燥与纤维饱和点的研究 [J]. 林业机械与木工设备, 41(5)：35-36.

庾晓红, 李贤伟, 张健. 2005. 退耕还林区撑绿杂交竹地上部分生物量结构研究 [J]. 竹子研究汇刊, 24(4)：24-27.

詹怀宇. 2005. 纤维化学与物理 [M]. 北京：科学出版社：172-174.

张春霞. 1998. 竹材湿胀性能的研究 [J]. 林业科技开发, 2：40-41.

张齐生. 1990. 以竹代木、以竹胜木——论竹材资源开发利用的途径 [J]. 中国木材, 22(3)：33-35.

张齐生. 1995. 中国竹材工业化利用 [M]. 北京：中国林业出版社：27-43.

张齐生. 2000. 当前发展我国竹材工业的几点思考 [J]. 竹子研究汇刊, 19(3)：16-19.

张齐生. 2007. 竹类资源加工及其利用前景无限 [J]. 中国林业产业, 10(3)：22-24.

张宏健, 杜凡, 张福兴. 1999. 云南 4 种典型材用丛生竹宏观解剖结构与主要物理力学性质的关系 [J].林业科学,
    35(4)：66-70.

张宏健, 杜凡, 张福兴, 等. 1998. 云南 4 种材用丛生竹的主要物理力学性质[J].西南林学院学报,18(3)：189-193.

钟懋功, 刘璨. 1999. 中国竹产业发展回顾与展望 [J]. 林业经济, (3)：51-62.

周芳纯. 1991. 竹材物理性质 [J].竹类研究, 15(1)：27-44.

周芳纯. 1992. 国内外竹业开发利用现状、趋势及对策 [J]. 世界林业研究, 5(1)：50-56.

周芳纯. 1999. 20 世纪竹业的回顾和 21 世纪的展望 [J]. 竹子研究汇刊, 18(4)：1-10.

朱石麟, 李卫东. 1994. 日本的竹类资源及其开发利用 [J]. 世界林业研究, (1)：59-63.

竹林. 2003. 坦桑尼亚的竹资源及其利用 [J].世界竹藤通讯, 1(1)：46.

Adler E. 1977. Lignin chemistry: past, present and future [J]. Wood Science and Technology, 11(3)：169-218.

Aita G A, Salvi D A, Walker M S. 2011. Enzyme hydrolysis and ethanol fermentation of dilute ammonia pretreated
    energy cane [J]. Bioresource Technology, 102(6)：4444-4448.

Andrade J C D, Rencoret J, Marques G, et al. 2008. Highly acylated (acetylated and/or p-coumaroylated) native lignins
    from diverse herbaceous plants [J]. Journal of Agricultural and Food Chemistry, 56(20)：9525-9534.

Aspinall G O, Mahomed R S. 1954. The constitution of a wheat-straw xylan [J]. Journal of the Chemical Society (Resumed), 76: 1731-1734.

Aspinall G O, Greenwood C T, Sturgenon R J. 1961. The degradation of xylans by alkali [J]. Journal of the Chemical Society (Resumed), 7(12): 3667-3677.

Balakshin M Y, Capanema E A, Chang H M. 2007. MWL fraction with a high concentration of lignin–carbohydrate linkages: isolation and 2D NMR spectroscopic analysis [J]. Holzforschung, 61(1): 1-7.

Balakshin M Y, Capanema E A, Gracz H, et al. 2011. Quantification of lignin–carbohydrate linkages with high-resolution NMR spectroscope [J]. Planta, 233(6): 1097-1110.

Balakshin M Y, Evtuguin D V, Pascoal N C. 2001. Lignin-carbohydrate complexes in Eucalyptus globulus wood and kraft pulps [C]. Proceeding of the 7th Brazilian Symposium on the Chemistry of Lignin and Other Wood Components, Belo Horizonte, MG, Brazil: 53-60.

Bendahou A, Dufresne A, Kaddami H, et al. 2007. Isolation and structural characterization of hemicelluloses from palm of *Phoenix dactylifera* L [J]. Carbohydrate Polymers, 68(3): 601-608.

Bergmans M E F, Beldman G, Gruppen H, et al. 1996. Optimisation of the selective extraction of (glucurono) arabinoxylans from wheat bran: Use of barium and calcium hydroxide solution at elevated temperatures [J]. Journal of Cereal Science, 23(3): 235-245.

Björkman A. 1956. Studies on finely divided wood. Part 1. Extraction of lignin with neutral solvents [J]. Svensk Papperstid, 59(13): 477-485.

Bozell J J. 2010. Connecting biomass and petroleum processing with a chemical bridge [J]. Science, 329(5991): 522-523.

Bunzel M, Seiler A, Steinhart H. 2005. Characterization of dietary fiber lignins from fruits and vegetables using the DFRC method [J]. Journal of Agricultural and Food Chemistry, 53(24): 9553-9559.

Cadena E M, Du X, Gellerstedt G, et al. 2011. On hexenuronic acid (HexA) removal and mediator coupling to pulp fiber in the laccase/mediator treatment [J]. Bioresource Technology, 102(4): 3911-3917.

Capanema E A, Balakshin M Y, Chen C L. 2004a. An improved procedure for isolation of residual lignins from hardwood kraft pulps [J]. Holzforschung, 58(5): 464-472.

Capanema E A, Balakshin M Y, Kadla J F. 2004b. A comprehensive approach for quantitative lignin characterization by NMR spectroscope [J]. Journal of Agricultural and Food Chemistry, 52(7): 1850-1860.

Capanema E A, Balakshin M Y, Kadla J F. 2005. Quantitative characterization of a hardwood milled wood lignin by nuclear magnetic resonance spectroscopy [J]. Journal of Agricultural and Food Chemistry, 53(25): 9639-9649.

Chaikumpollert O, Methacanon P, Suchiva K. 2004. Structural elucidation of hemicelluloses from Vetiver grass [J]. Carbohydrate Polymers, 57(2): 191-196.

Chang H M. 1992. Isolation Of Lignin From Pulp: Methods In Lignin Chemistry [M]. Springer Berlin/Heidelberg/ New York.

Chang H M, Cowling E B, Brown W, et al. 1975. Comparative studies on cellulolytic enzyme lignin and milled wood lignin of sweetgum and spruce [J]. Holzforschung, 29(5): 153-159.

Choi J W, Choi D H, Faix O. 2007. Characterization of lignin–carbohydrate linkages in the residual lignins isolated from chemical pulps of spruce (*Picea abies*) and beech (*Fagus sylvatica*) wood [J]. Journal of Wood Science, 53(4): 309-313.

Del Río J C, Rencoret J, Marques G, et al. 2009. Structural characterization of the lignin from jute (*Corchorus capsularis*) fibers [J]. Journal of Agricultural and Food Chemistry, 57(21): 10271-10281.

Del Río J C, Rencoret J, Prinsen P, et al. 2012. Structural characterization of wheat straw lignin as revealed by analytical pyrolysis, 2D-NMR, and reductive cleavage methods [J]. Journal of Agricultural And Food Chemistry, 60(23): 5922-5935.

Devallencourt C, Saiter J M, Capitaine D. 1996. Characterization of recycled celluloses: themogravimetry/Forier transform infra-red coupling and themogravimetry investigations [J]. Polymer Degradation and Stability, 52 (3): 327-334.

Doner L W, Hicks K B. 1997. Isolation of hemicellulose from corn fiber by alkaline hydrogen peroxide extraction [J]. Cereal Chemistry, 74(2): 176-181.

Du X Y, Gellerstedt G, Li J B. 2013a. Universal fractionation of lignin-carbohydrate complexes (LCCs) from lignocellulosic biomass: an example using spruce wood [J]. The Plant Journal, 74(2): 328-338.

Du X Y, Li J B, Gellerstedt G, et al. 2013b. Understanding Pulp delignification by laccase-mediator systems through isolation and characterization of lignin-carbohydrate complexes [J]. Biomacromolecules, 14(9): 3073-3080.

Dupont M S, Selvendran R R. 1987. Hemicellulosic polymers from the cell walls of beeswing wheat bran: Part I, Polymers solubilized by alkali at 2℃ [J]. Carbohydrate Research, 163(1): 99-113.

Ebríngerová A, Hromádková Z, Hříbalová V. 1995. Structure and mitogenic activities of corn cob heteroxylans [J]. International Journal of Biological Macromolecules, 17(6): 327-331.

Ebringerová A, Hromádková Z, Petráková E, et al. 1990. Structural features of a water-soluble L-arabino-D-xylan from rye bran [J]. Carbohydrate Research, 198(1): 57-66.

Ebríngerová A, Hromádková Z, Alföldi J, et al. 1998. The immunologically active xylan from ultrasound-treated corn sobs: extactablility, structure and properties [J]. Carbohydrate Polymers, 37(3): 231-239.

Eriksson Ö, Goring D A I, Lindgren B O. 1980. Structural studies on the chemical bonds between lignins and carbohydrates in spruce wood [J]. Wood Science and Technology, 14(4): 267-279.

Faix O. 1991. Classification of lignins from different botanical origins by FT-IR spectroscopy [J]. Holzforschung, 45(s1): 21-27.

Fengel D, Wegener G. 1984. Wood (Chemistry, Ultrastructure, Reaction) [M]. Berlin, New York: Walter de Grute.

Fengel D, Shao X. 1984. A chemical and ultrastructural study of the bamboo species *Phyllostachys makinoi* Hay [J]. Wood Science and Technology, 18(2): 103-112.

Fengel D, Shao X. 1985. Studies on the lignin of the bamboo species *Phyllostachys makinoi* Hay [J]. Wood Science and Technology, 19(2): 131-137.

Fiserova M, Polcin J, Opalena E, et al. 1985. The effect of milling on the molecular mass of spruce lignin [J]. Cellulose

Chemistry and Technology，19(2)：185-196.

Fujimoto A，Matsumoto Y，Meshitsuka G，et al. 2005. Quantitative evaluation of milling effects on lignin structure during the isolation process of milled wood lignin [J]. Journal of Wood Science，51(1)：89-91.

Furuno H，Takano T，Hirosawa S，et al. 2006. Chemical structure elucidation of total lignins in woods. Part II：Analysis of a fraction of residual wood left after MWL isolation and solubilized in lithium chloride/N，N-dimethylacetamide [J]. Holzforschung，60(6)：653-658.

Gatenholm P，Tenkanen M. 2003. Hemecelluloses：Science and Technology [M]. Washington，DC：Amecican Chemical Society.

Geissman T. 1971. Cross-linking of phenolcarboxylates of polysaccharides by oxidative phenolic coupling [J]. Helvetica Chimica Acta，54：1108-1112.

Gierer J，Wännström S. 1986. Formation of ether bonds between lignins and carbohydrates during alkaline pulping processes [J]. Holzforschung，40(6)：347-352.

Goodfellow B J，Wilson R H. 1990. A Fourier transform IR study of the gelation of amylose and amylopectin [J]. Biopolymers，30(13-14)，1183-1189.

Gruppen H，Hamer R J，Voragen A G J. 1992. Water-unextracTab. cell wall material from wheat-flour. 2. Fractionation of alkali-extracted polymers and comparison with water-exacTab. arabinoxylans [J]. Journal of Cereal Science，16(1)：53-67.

Guerra A，Filpponen I，Lucia L A，et al. 2006. Comparative evaluation of three lignin isolation protocols for various wood species [J]. Journal of Agricultural and Food Chemistry，54(26)：9696-9705.

Guerra A，Lucia L A，Argyropoulos D S. 2008. Isolation and characterization of lignins from *Eucalyptus grandis* Hill ex Maiden and *Eucalyptus globulus* Labill. by enzymatic mild acidolysis (EMAL) [J]. Holzforschung，62(1)：24-30.

Hatfield R D，Grabber J，Ralph J，et al. 1999. Using the acetyl bromide assay to determine lignin concentrations in herbaceous plants：Some cautionary notes [J]. Journal Agricultural and Food Chemistry，47(2)：628-632.

Hedenström M，Wiklund-Lindström S，Öman T，et al. 2009. Identification of lignin and polysaccharide modifications in Populus wood by chemometric analysis of 2D NMR spectra from dissolved cell walls [J]. Molecular Plant，2(5)：933-942.

Hiroshi H. 1998. Characteristics and utilization of non-wood pulp and paper [J]. Kami PaGikyoshi/Japan Tappi Journal，52(9)：1212-1218.

Hoffmann R A，Roza M，Maat J，et al. 1991. Structural characteristics of the cold-water-soluble arabinoxylans from the white flour of the soft wheat variety Kadet [J]. Carbohydrate Polymers，15(4)：415-430.

Holtman K M，Chang H M，Kadla J F. 2004. Solution-state nuclear magnetic resonance study of the similarities between milled wood lignin and cellulolytic enzyme lignin [J]. Journal of Agricultural and Food Chemistry，52(4)：720-726.

Hu Z，Yeh T F，Chang H M，et al. 2006. Elucidation of the structure of cellulolytic enzyme lignin [J]. Holzforschung，60(4)：389-397.

Ibarra D，Chavez M I，Rencoret J，et al. 2007. Lignin modification during *Eucalyptus globulus* kraft pulping followed by totally chlorine-free bleaching: a two dimensional nuclear magnetic resonance, Fourier transform infrared, and pyrolysis-gas chromatography/mass spectrometry study [J]. Journal of Agricultural and Food Chemistry, 55: 3477-3490.

Ikeda T, Holtman K, Kadla J F, et al. 2002. Studies on the effect of ball milling on lignin structure using a modified DFRC method [J]. Journal of Agricultural and Food Chemistry, 50(1): 129-135.

Irudayaraj J, Yang H. 2002. Depth profiling of a heterogeneous food-packaging model using step-scan Fourier transform infrared photoacoustic spectroscopy [J]. Journal of Food Engineering, 55(1): 25-33.

Jääskeläinen A S, Sun Y, Argyropoulos D S, et al. 2003. The effect of isolation method on the chemical structure of residual lignin [J]. Wood Science and Technology, 37(2): 91-102.

Jiao J, Zhang Y, Liu C, et al. 2008. Separation and Purification of Tricin from an Antioxidant Product Derived from Bamboo Leaves[J]. Journal of Agricultural & Food Chemistry, 55(25): 10086-10092.

Kačuráková M, Ebringerová A, Hirsch J, et al. 1994. Infrared study of arabinoxylans [J]. Journal of the Science of Food and Agriculture, 66(3): 423-427.

Kačuráková M, Belton P S, Wilson R H, et al. 1998. Hydration properties of xylan-type structures: an FT-IR study of xylooligosaccharides [J]. Journal of the Science of Food and Agriculture, 77(1): 38-44.

Kačuráková M, Capek P, Sasinková V, et al. 2000. FT-IR study of plant cell wall model compounds: pectic polysaccharides and hemicelluloses [J]. Carbohydrate Polymers, 43(2): 195-203.

Kim H, Ralph J. 2010. Solution-state 2D NMR of ball-milled plant cell wall gels in DMSO-d_6/pyridine-d_5 [J]. Organic & Biomolecular Chemistry, 8(3): 576-591.

Kim T H, Kim J S, Sunwoo C, et al. 2003. Pretreatment of corn stover by aqueous ammonia [J]. Bioresource Technology, 90(1): 39-47.

Landucci L L. 1985. Quantitative ^{13}C NMR characterization of lignin. 1. A methodology for high precision [J]. Holzforschung, 39(6): 355-359.

Lawoko M, Henriksson G, Gellerstedt G. 2005. Structural differences between the lignin– carbohydrate complexes in wood and in chemical pulps [J]. Biomacromolecules, 6(6): 3467-3473.

Lawoko M, Henriksson G, Gellerstedt G. 2006. Characterization of lignin-carbohydrate complexes from spruce sulfite pulp-lignin-polysaccharide networks [J]. Holzforschung, 60(2): 162-165.

Lawther J M, Sun R C, Banks W B. 1996. Characterization of dissolved lignins in two-stage organosolv delignification of wheat straw [J]. Journal of Wood Chemistry and Technology, 16(4): 439-457.

Leopold B, Malmstrom I L, Finsnes E, et al. 1952. Studies on lignin. IV. Investigation on the nitrobenzene oxidation products of lignin from different woods by paper partition chromatography [J]. Acta Chemica Scandinavica, 6(1): 49-54.

Li J, Martin-Sampedro R, Pedrazzi C, et al. 2011. Fractionation and characterization of lignin-carbohydrate complexes (LCCs) from eucalyptus fibers [J]. Holzforschung, 65(1): 43-50.

Li K, Helm R F. 1995. Synthesis and rearrangement reactions of ester-linked lignin-carbohydrate model compounds [J].

Journal of Agricultural and Food Chemistry, 43(8): 2098-2103.

Li M F, Sun S N, Xu F, et al. 2012. Ultrasound-enhanced extraction of lignin from bamboo (*Neosinocalamus affinis*):
    Characterization of the ethanol-soluble fractions [J]. Ultrasonics Sonochemistry, 19(2): 243-249.

Lin B P, Wang S F, Liu Y L, et al. 2008. Study on the chemical structural characteristics of white powdery bamboo lignin
    [C]. 2nd International Papermaking and Environment Conference, Tianjin, China, Light Industry Press, 194-198.

Lu F C, Ralph J. 2003. Non-degradative dissolution and acetylation of ball-milled plant cell walls: high-resolution
    solution-state NMR [J]. Plant Journal, 35(4): 535-544.

Lu F C, Ralph J, Morreel K, et al. 2004. Preparation and relevance of a cross-coupling product between sinapyl alcohol
    and sinapyl *p*-hydroxybenzoate [J]. Organic Biomolecular Chemistry, 2(20): 2888-2890.

Lu F C, Ralph J. 1996. Reactions of lignin model β-aryl ethers with acetyl bromide [J]. Holzforschung, 50(4): 360-364.

Lu F C, Ralph J. 1997a. Derivatization followed by reductive cleavage (DFRC method), a new method for lignin analysis:
    Protocol for analysis of DFRC monomers [J]. Journal of Agricultural and Food Chemistry, 45(7): 2590-2592.

Lu F C, Ralph J. 1997b. DFRC method for lignin analysis. 1. New method for β-aryl ether cleavage: Lignin model studies
    [J]. Journal of Agricultural and Food Chemistry, 45(12): 4655-4660.

Lu F C, Ralph J. 1998. The DFRC method for lignin analysis. 2. Monomers from isolated lignins [J]. Journal of
    Agricultural and Food Chemistry, 46(2): 547-552.

Lucia L A. 2008. Lignocellulosic biomass: A potential feedstock to replace petroleum [J]. BioResource, 3(4): 981-982.

Marques A V, Pereira H, Rodrigues J, et al. 2006. Isolation and comparative characterization of Björkman lignin from the
    saponified cork of Douglas-fir bark [J]. Journal of Analytical and Applied Pyrolysis, 77(2): 169-176.

Martínez Á T, Rencoret J, Marques G, et al. 2008. Monolignil acylation and lignin structure in some nonwoody plants:
    A 2D NMR study [J]. Phytochemistry, 69(16): 2831-2843.

Martone P T, Estevez J M, Lu F C, et al. 2009. Discovery of lignin in seaweed reveals convergent evolution of cell-wall
    architecture [J]. Curret Biology, 19(2): 169-175.

Meakawa E. 1976. Studies on hemicellulose of bamboo [J]. Wood Research Institute Kyoto University, 59(60): 153-179.

Meier H. 1958. Barium hydroxide as a selective precipitating agent for hemicelluloses [J]. Acta Chemica Scandinavica,
    12(1): 144-146.

Meister J J. 2002. Modification of lignin [J]. Journal of Macromolecular Science, Part C: Polymer Reviews, 42(2):
    235-289.

Mohanty A K, Misra M, Hinrichsen G. 2000. Biofibres, biodegradable polymers and biocomposites: an overview [J].
    Macromolecular Materials and Engineering, 276-277(1): 1-24.

Morreel K, Ralph J, Kim H, et al. 2004. Profiling of oligolignols reveals monolignol coupling conditions in lignifying
    poplar xylem [J]. Plant physiology, 136(3): 3537-3549.

Morrison I M. 1974. Changes in the hemicellulosic polysaccharides of rye-grass with increasing maturity [J].
    Carbohydrate Research, 36(1): 45-51.

Morrison I M, Stewart D. 1995. Determination of lignin in the presence of ester-bound substituted cinnamic-acids by a modified acetyl bromide procedure [J]. Journal of Science of Food and Agriculture, 69(2): 151-157.

Nimz H H, Robert D, Faix O, et al. 1981. Carbon-13 NMR spectra of lignins, 8. Structural differences between lignins of hardwoods, softwoods, grasses and compression wood [J]. Holzforschung, 35(1): 16-26.

Pang F, Xue S L, Yu S S, et al. 2013. Effects of combination of steam explosion and microwave irradiation (SE-MI) pretreatment on enzymatic hydrolysis, sugar yields and structural properties of corn stover [J]. Industrial Crops and Products, 42: 402-408.

Peng F, Ren J L, Xu F, et al. 2009. Comparative study of hemicelluloses obtained by graded ethanol precipitation from sugarcane bagasse [J]. Journal of Agricultural and Food Chemistry, 57(14): 6305-6317.

Peng F, Peng P, Xu F, et al. 2012. Fractional purification and bioconversion of hemicelluloses [J]. Biotechnology Advances, 30(4): 879-903.

Peng P, Peng F, Bian J, et al. 2011. Studies on the starch and hemicelluloses fractionated by graded ethanol precipitation from bamboo *Phyllostachys bambusoides* f. shouzhu Yi [J]. Journal of Agricultural and Food Chemistry, 59(6): 2680-2688.

Petzold K, Schwikal K, Heinze T. 2006. Carboxymethyl-synthesis and detailed structure characterization [J]. Carbohydrate Polymers, 64(2): 292-298.

Pew J C. 1957. Properties of powered wood and isolation of lignin by cellulytic enzymes [J]. Tappi, 40(7): 553-558.

Pu Y Q, Cao S L, Ragauskas A J. 2011. Application of quantitative ^{31}P NMR in biomass lignin and biofuel precursors characterization [J]. Energy & Environmental Science, 4(9): 3154-3166.

Qu C, Kishimoto T, Kishino M, et al. 2011. Heteronuclear single-quantum coherence nuclear magnetic resonance (HSQC NMR) characterization of acetylated fir (*Abies sachallnensis* MAST) wood regenerated from ionic liquid [J]. Journal of Agricultural and Food Chemistry, 59(10): 5382-5389.

Ragauskas A J, Williams C K, Davison B H, et al. 2006. The path forward for biofuels and biomaterials [J]. Science, 311(5760): 484-489.

Ralph J, Lu F C. 1998. The DFRC method for lignin analysis. 6. A simple modification for identifying natural acetates on lignins [J]. Journal of Agricultural and Food Chemistry, 46(11): 4616-4619.

Ralph J, Hatfield R D, Quideau S, et al. 1994. Pathway of *p*-coumaric acid incorporation into maize lignin as revealed by NMR [J]. Journal of the American Chemical Society, 116(21): 9448-9456.

Ralph J, Quideau S, Grabber J H, et al. 1994. Identification and synthesis of new ferulic acid dehydrodimers present in grass cell walls [J]. Journal of the Chemical Society, Perkin Transactions, 1(23): 3485-3498.

Ralph J, Lundquist K, Brunow G, et al. 2004. Lignins: natural polymers from oxidative coupling of 4-hydroxyphenylpropanoids [J]. Phytochemistry Reviews, 3(1-2): 29-60.

Ralph J, Marita J M, Ralph S A, et al. 1999. Solution-state NMR of lignins. In: Argyropoulos, D.S. (ed.) advances in lignocellulosics characterization [J]. Tappi Press, Atlanta, GA, 55-108.

Ren J L, Peng F, Sun R C. 2009. The effect of hemicellulosic derivatives on the strength properties of old corrugated container pulp fibres [J]. Journal of Biobased Materials and Bioenergry, 3(1): 62-68.

Rencoret J, Gutiérrez A, Nieto L, et al. 2011. Lignin composition and structure in young versus adult *Eucalyptus globulus* plants [J]. Plant Physiology, 155(2): 667-682.

Rencoret J, Marques G, Gutiérrez A, et al. 2009a. HSQC-NMR analysis of lignin in woody (*Eucalyptus globulus* and *Picea abies*) and non-woody (*Agave sisalana*) ball-milled plant materials at the gel state 10th EWLP, Stockholm, Sweden, August 25-28, 2008 [J]. Holzforschung, 63(6): 691-698.

Rencoret J, Marques G, Gutiérrez A, et al. 2009b. Isolation and structural characterization of the milled-wood lignin from *Paulownia fortunei* wood [J]. Industrial Crops and Products, 30(1): 137-143.

Rivas S, Conde E, Moure A, et al. 2013. Characterization, refining and antioxidant activity of saccharides derived from hemicelluloses of wood and rice husks [J]. Food Chemistry, 141(1): 495-502.

Salmén L, Olsson A M. 1998. Interactions between hemicelluloses, lignin and cellulose: structure-property relationships [J]. Journal of Pulp and Paper Science, 24(3): 99-103.

Scalbert A, Monties B, Guittet E, et al. 1986. Composition of wheat straw lignin preparations-1. Chemical and spectroscopic characterizations [J]. Holzforschung, 40(2): 119-127.

Schönberg C, Oksanen T, Suurnäkki A, et al. 2001. The importance of xylan for the strength properties of spruce kraft pulp fibres [J]. Holzforschung, 55(6): 639-644.

Shatalov A A, Pereira H. 2002. Carbohydrate behavior of *Arundo donax* L. in ethanol-alkali mediem of variable composition during organosolv delignification [J]. Carbohydrate Polymer, 49(3): 331-336.

She D, Xu F, Geng Z C, et al. 2010. Physicochemical characterization of extracted lignin from sweet sorghum stem [J]. Indrial Crops and Products, 32(1): 21-28.

Shi Z J, Xiao L P, Deng J, et al. 2011. Isolation and characterization of soluble polysaccharides of *Dendrocalamus brandisii*: a high-yielding bamboo species [J]. BioResources, 6(4): 5151-5166.

Shi Z J, Xiao L P, Deng J, et al. 2012. Physicochemical characterization of lignin fractions sequentially isolated from bamboo (*Dendrocalamus brandisii*) with hot water and alkaline ethanol solution [J]. Journal of Applied Polymer Science, 125(4): 3290-3301.

Shi Z J, Xiao L P, Deng J, et al. 2013a. Isolation and structural exploration of hemicelluloses from the largest bamboo species: *Dendrocalamus sinicus* [J]. BioResources, 8(4): 5036-5050.

Shi Z J, Xiao L P, Deng J, et al. 2013b. Isolation and structural characterization of lignin polymer from *Dendrocalamus sinicus* [J]. BioEnergy Research, 6(4): 1212-1222.

Sjostrom E. 1981. Wood Chemistry, Fundamentals and Applications [M]. New York: Academic Press.

Sluiter A, Hames B, Ruiz R, et al. 2008. Determination of structural carbohydrates and lignin in biomass [M]. *In*: Laboratory Analytical Procedure (LAP), NREL/TP-510-42618, National Renewable Energy Laboratory Golden.

Smart C L, Whistler R L. 1949. Films from hemicellulose acetates [J]. Science, 110(2870): 713-714.

Sun J X, Sun R C, Sun X F, et al. 2004a. Fractional and physico-chemical characterization of hemicelluloses from ultrasonic irradiated suggarcane bagasse [J]. Carbohydrate Research, 339(2): 291-330.

Sun J X, Xu F, Sun X F, et al. 2004b. Comparative study of lignins from ultrasonic irradiated sugar-cane bagasse [J].

Polymer International, 53(11): 1711-1721.

Sun R C, Fang J M, Goodwin A, et al. 1998. Isolation and characterization of polysaccharides from abaca fiber [J]. Journal of Agricaitural and Food Chemistry, 46 (7): 2817-2822.

Sun R C, Fang J M, Tomkinson J, et al. 1999a. Acetylation of wheat straw hemicelluloses in N, N-dimethylacetamide/LiCl solvent system [J]. Industrial Crops and Products, 10(3): 209-218.

Sun R C, Fang J M, Tomkinson J. 1999b. Fractional isolation and structural characterization of lignins from oil palm trunk and empty fruit bunch fibres [J]. Journal of Wood Chemistry and Technology, 19(4): 335-356.

Sun R C, Fang J M, Tomkinson J, et al. 2001a. Fractional isolation, physico-chemical characterization and homogeneous esterification of hemicelluloses from fast-growing poplar wood [J]. Carbohydrate Polymer, 44(1): 29-39.

Sun R C, Hughes S. 1999. Fractioal isolation and physico-chemical characterization of alkali-soluble polysaccharides from sugar beet pulp [J]. Carbohydrate Polymer, 38(3): 273-281.

Sun R C, Lawther J M, Banks W B. 1995. Influence of alkaline pre-treatments on the cell wall components of wheat straw [J]. Industrial Crops and Products, 4(2): 127-145.

Sun R C, Lawther J M, Banks W B. 1996a. Effects of extraction time and different alkalis on the composition of alkali-soluble wheat straw lignins [J]. Journal of Agricultural and Food Chemistry, 44(12): 3965-3970.

Sun R C, Lawther J M, Banks W B. 1996b. Fractional and structural characterization of wheat straw hemicelluloses [J]. Carbohydrate Polymers, 29(4): 325-331.

Sun R C, Lawther J M, Banks W B. 1997. Fractional isolation and physico-chemical characterization of alkali-soluble lignins from wheat straw [J]. Holzforschung, 51(3): 244-250.

Sun R C, Lu Q, Sun X F. 2001b. Physico-chemical and thermal characterization of lignins from *caligonum monogoliacum* and *Tamarix* spp [J]. Polymer Degradation and Stability, 72(2): 229-238.

Sun R C, Sun X F. 2002. Fractional and structural characterization of hemicelluloses isolated by alkali and alkaline peroxide from barley straw [J].Carbohydrate Polymer, 49(4): 415-423.

Sun R C, Tomkinson J. 2002. Characterization of hemicelluloses obtained by classical and ultrasonically assisted extractions from wheat straw [J]. Carbohydrate Polymers, 50(3): 263-271.

Sun R C, Tomkinson J. 2003. Characterization of hemicelluloses isolated with tetraacetylethylenediamine actived peroxide from ultrasound irradated and alkali pretreated wheat straw [J]. European Polymer Journal, 39: 751-759.

Sun R C, Tomkinson J, Geng Z C, et al. 2000a. Comparative studies of hemicelluloses solubilized during the treatments of mainze stems with peroxymonosulfuric acid, peroxyformic acid, peracetic acid, and hydrogen peroxide. Part 1.Yield and chemical characterization [J]. Holzforschung, 54(4): 349-356.

Sun R C, Tomkinson J, Ma P L, et al. 2000b. Comparative study of hemicelluloses from rice straw by alkali and hydrogen peroxide treatments [J]. Carbohydrate Polymers, 42(2): 111-122.

Sun R C, Tomkinson J, Wang Y X, et al. 2000c. Physicochemical and structural characterization of hemicelluloses from wheat straw by alkaline peroxide extraction [J]. Polymer, 41(7): 2647-2656.

Sun S N, Li M F, Yuan T Q, et al. 2012. Sequential extractions and structural characterization of lignin with ethanol and alkali from bamboo (*Neosinocalamus affinis*) [J]. Industrial Crops and Products, 37(1): 51-60.

Sun X F, Sun R C, Fowler P, et al. 2005a. Extraction and characterization of original lignin and hemicelluloses from wheat straw [J]. Journal of Agricaitural and Food Chemistry, 53(4): 860-870.

Sun X F, Sun R C, Zhao L, et al. 2004c. Acetylation of sugarcane bagasse hemicelluloses under mild reaction conditions by using NBS as a catalyst [J]. Journal of Applied Polymer Science, 92(1): 53-61.

Sun X F, Xu F, Sun R C, et al. 2005b. Characteristics of degraded hemicellulosic polymers obtained from steam exploed wheat straw [J]. Carbohydrate Polymers, 60(1): 15-26.

Sun X F, Xu F, Zhao H, et al. 2005c. Physicochemical characterization of residual hemicelluloses isolated with cyanamide-actived hydrogen peroxide from organosolv pretreated wheat straw [J]. Bioresource Technology, 96(12): 1342-1349.

Sun Y, Argyropoulos D S. 1996. A comparison of the reactivity and efficiency of ozone, chlorine dioxide, dimethyldioxirane and hydrogen peroxide with residual kraft lignin [J]. Holzforschung, 50(2): 175-182.

Suzuki K, ltoh T. 2001.The change in cell wall architecture during lignification of bamboo, *Phyllostachys aurea* Carr [J].Tree Structure and Function, 15(3): 137-147.

Thicbaud S, Borredon M E. 1998. Analysis of the liquid fraction after esterification of sawdust with octanoyl chloride-production of esterified hemicelluloses [J]. Bioresrouce Technology, 63(2): 139-145.

Timell T E. 1965. Wood hemicelluloses: Part II [J]. Advance in Carbohydrate Chemistry, 20: 409-483.

Timell T E. 1967. Recent progress in the chemistry of wood hemicelluloses [J]. Wood Science and. Technology, 1(1): 45-70.

Timell T E, Jahn E C. 1951. A study of the isolation and polymolecularity of paper birch holocellulose [J]. Svensk Papperstidn, 54: 831-846.

Toikka M, Brunow G. 1999. Lignin–carbohydrate model compounds. Reactivity of methyl 3-*O*-(α-L-arabinofuranosyl)-β-D-xylopyranoside and methyl β-D-xylopyranoside towards a β-*O*-4-quinone methide [J]. Journal of the Chemical Society, Perkin Transactions, 13: 1877-1884.

Toikka M, Sipilä J, Teleman A, et al. 1998. Lignin-carbohydrate model compounds. Formation of lignin-methyl arabinoside and lignin-methyl galactoside benzyl ethers via quinine methide intermediates [J]. Journal of the Chemical Society, Perkin Transactions, 22: 3813-3818.

Tokimatsu T, Umezawa T, Shimada M. 1996. Synthesis of four diastereomeric lignin carbohydrate complexes (LCC) model compounds composed of a β-*O*-4 lignin model linked to methyl β-D-glucose [J]. Holzforschung, 50(2): 156-160.

Toledo M C F, Azzini A, Reyes F G R. 1987. Isolation and characterization of starch from bamboo culm (*Guadua flabellata*) [J]. Starch, 39(5): 158-160.

Van Soest J J G, De Wit D, Tournois H, et al. 1994. Retrogradation of potato starch as studied by Fourier transform infrared spectroscopy [J]. Starch, 46(12): 453-457.

Van Soest J J G, Tournois H, De Wit D, et al. 1995. Short-range structure in (partially) crystalline potato starch determined with attenuated total reflectance Fourier-transform IR spectroscopy [J]. Carbohydrate Research，279(27)：201-214.

Varga E，Reezey K，Zacehi G. 2004. Optimization of steam Pretreatment of corn stover to enhance enzymatic digestibility [J]. Applied Bioehemistry and Biotechnology，114(1-3)：509-524.

Vignon M R，Gey C. 1998. Isolation，^{1}H and ^{13}C NMR studies of (4-O-methyl-D-glucurono)-D-xylans from luffa fruit fibres，jute bast fibres and mucilage of quince tree seeds [J]. Carbohydrate Research，307(1-2)：107-111.

Villaverde J J, Li J B, Ek M P, et al. 2009. Native lignin structure of *Miscanthus × giganteus* and its changes during acetic and formic acid fractionation [J]. Journal of Agricultural and Food Chemistry，57(14)：6262-6270.

Wedig C L，Jaster E H，Moore K J. 1987. Hemicellulose monosaccharide composition and in vitro disappearance of orchard grass and alfalfa hay [J]. Journal of Agricultural and Food Chemistry，35(2)：214-218.

Wen J L，Sun S L，Xue B L，et al. 2013. Quantitative structural characterization of the lignin from the stem and pith of bamboo (*Phyllostachys pubescens*) [J]. Holzforschung，67(6)：613-627.

Wen J L，Sun Y C，Xu F，et al. 2010a. Fractional isolation and chemical structure of hemicelluloses polymers obtained from *Bambusa rigida* species [J]. Journal of Agricultural and Food Chemistry，58(21)：11372-11383.

Wen J L，Sun Z J，Sun Y C，et al. 2010b. Structural characterization of alkali-extracTab. lignin fractions from bamboo [J]. Journal of Biobased Materials and Bioenergy，4(4)，408-425.

Wen J L，Xiao L P，Sun Y C，et al. 2011. Comparative study of alkali-soluble hemicelluloses isolated from bamboo (*Bambusa rigida*) [J]. Carbohydrate Research，346(1)：111-120.

Wen J L，Xue B L，Xu F，et al. 2012. Unveiling the structural heterogeneity of bamboo lignin by in situ HSQC NMR technique [J]. Bioenergy Research，5(4)：886-903.

Wilkie K C B，Woo S L. 1976. Non-cellulosic β-D-glucans from bamboo，and interpretative problems in the study of all Hemicelluloses [J]. Carbohydrate Research，49：399-409.

Wilkie K C B，Woo S L. 1977. A heteroxylan and hemicellulosic materials from bamboo leaves，and a reconsideration of the general nature of commonly occurring xylans and other hemicelluloses [J]. Carbohydrate Research，57: 145-162.

Wu S，Argyropoulos D S. 2003. An improved method for isolating lignin in high yield and purity [J]. Journal of Pulp and Paper Science，29(7)：235-240.

Xia Z，Akim L G，Argyropoulos D S. 2001. Quantitative ^{13}C NMR analysis of lignins with internal standards [J]. Journal of Agriculture and Food Chemistry，49(8)：3573-3578.

Xu F，Sun J X，Geng Z C，et al. 2007. Comparative study of water-soluble and alkali-soluble hemicelluloses from perennial ryegrass leaves (*Lolium peree*) [J].Carbohydrate Polymer，67(1)：56-65.

Xu F，Sun R C，Sun J X，et al. 2005. Determination of cell wall ferulic and *p*-coumaric acids in surgarcane bagasse [J]. Analytia Chimica Acta，552(2)：207-217.

Xu F，Sun R C，Zhai M Z，et al. 2008. Comparative study of three lignin fractions isolated from mild ball-milled *Tamarix austromogoliac* and *Caragana sepium* [J]. Journal of Applied Polymer Science，108(2)：1158-1168.

Xu F，Sun R C，Zhong X C. 2006. Anatomy，ultrastructure and lignin distribution in cell wall of *Caragana Korshinskii* [J].

Abstracts of Papers of the American Chemical Society，24(2)：186-193.

Yang H P，Yan R，Chen H P，et al. 2006. In-depth investigation of biomass pyrolysis based on three major components：hemicellulose，cellulose and lignin [J]. Energy Fuels，20(1)：388-393.

Yang J M，Goring D A I. 1978. The topochemistry of reaction of chlorine dioxide with lignin in black spruce wood [J]. Holzforschung，32(5)：185-188.

Yang Y M，Tian K，Hao J M，et al. 2004. Biodiversity and biodiversity conservation in Yunnan，China [J]. Biodiversity and Conservation，13 (4)：813-826.

Yelle D J，Ralph J，Lu F C，et al. 2008. Evidence for cleavage of lignin by a brown rot basidiomycete [J]. Environmental Microbiology，10(7)：1844-1849.

Yoshida S，Kuno A，Saito N，et al. 1998. Structure of xylan from culms of bamboo grass (*Sasa senanensis* Rehd.) [J]. Journal of Wood Science，44(6)：457-462.

Yuan T Q，Sun S N，Xu F，et al. 2011. Characterization of lignin structures and lignin-carbohydrate complex (LCC) linkages by quantitative ^{13}C and 2D HSQC NMR [J]. Journal of Agricultural and Food Chemistry，59(19)：10604-10614.

Zhang L M，Gellerstedt G. 2007. Quantitative 2D HSQC NMR determination of polymer structures by selecting suiTab. internal standard references [J]. Magnetic Resonance in Chemistry，45(1)：37-45.

Marques A V，Pereira H，Rodrigues J，et al. Isolation and comparative characterization of a Björkman lignin from the saponified cork of Douglas-fir bark[J]. Journal of Analytical and Applied pyrolysis，2006，77(2)：169-176.

Fengel，D.，and X. Shao. 1984. A chemical and ultrastructural study of the Bamboo species Phyllostachys makinoi，Hay [J]. Wood Science and Technology. 18(2)：103-112).